爱心家肴 越吃越有味
AixinJiayao

一学就会的
卤酱菜

主编○张云甫　　　　　编写○牛国平　瑞雅

U0219249

青岛出版社
QINGDAO PUBLISHING HOUSE

用爱做好菜 用心烹佳肴

不忘初心，继续前行。

将时间拨回到 2002 年，青岛出版社"爱心家肴"品牌悄然面世。

在编辑团队的精心打造下，一套采用铜版纸、四色彩印、内容丰富实用的美食书被推向了市场。宛如一枚石子投入了平静的湖面，从一开始激起层层涟漪，到"蝴蝶效应"般兴起惊天骇浪，青岛出版社在美食出版领域的"江湖地位"迅速确立。随着现象级畅销书《新编家常菜谱》在全国摧枯拉朽般热销，青版图书引领美食出版全面进入彩色印刷时代。

市场的积极反馈让我们备受鼓舞，让我们也更加坚定了贴近读者、做读者最想要的美食图书的信念。为读者奉献兼具实用性、欣赏性的图书，成为我们不懈的追求。

时间来到 2017 年，"爱心家肴"品牌迎来了第十五个年头，"爱心家肴"的内涵和外延也在时光的砥砺中，愈加成熟，愈加壮大。

一方面，"爱心家肴"系列保持着一如既往的高品质；另一方面，在内容、版式上也越来越"接地气"。在内容上，更加注重健康实用；在版式上，努力做到时尚大方；在图片上，要求精益求精；在表述上，更倾向于分步详解、化繁为简，让读者快速上手、步步进阶，缩短您与幸福的距离。

2017 年，凝结着我们更多期盼与梦想的"爱心家肴"新鲜出炉了，希望能给您的生活带来温暖和幸福。

2017 版的"爱心家肴"系列，共 20 个品种，分为"好吃易做家常菜""美味新生活""越吃越有味"三个小单元。按菜式、食材等不同维度进行归类，收录的菜品款款色香味俱全，让人有马上动手试一试的冲动。各种烹饪技法一应俱全，能满足全家人对各种口味的需求。

书中绝大部分菜品都配有 3~12 张步骤图演示，便于您一步一步动手实践。另外，部分菜品配有精致的二维码视频，真正做到好吃不难做。通过这些图文并茂的佳肴，我们想传递一种理念，那就是自己做的美味吃起来更放心，在家里吃到的菜肴让人感觉更温馨。

爱心家肴，用爱做好菜，用心烹佳肴。

由于时间仓促，书中难免存在错讹之处，还请广大读者批评指正。

美食生活工作室

2017 年 12 月于青岛

目录
Contents

第三章

浓香扑鼻的肉菜

第四章

鲜香可口的水产

第一章

制作卤水、酱汁

制作卤水和酱汁是一项技术含量极高的工作，
其重要性自然无需多说。
其成品的口味就取决于卤水和酱汁的味道，
风味多样，
我们抛砖引玉，
希望能给你带来一点启示。

1. 红卤的配制方法

主料

姜块、葱段	各10克

调料

老抽	500毫升
绍酒	250毫升
冰糖	210克
红曲米水	5毫升
大料	7克
桂皮、甘草	各10克
草果、丁香、沙姜粉、陈皮	
	各2.5克
罗汉果	1个

做法

① 备好所有食材。

② 将除酱油、绍酒、冰糖、红曲米水之外的调料装入布包，扎口，制成调料包，放入清水中浸泡半个小时。

③ 净锅置于火上，加入适量油，烧热，加入姜块、葱段炒香，挑出炸透的姜块、葱段扔掉，加入400毫升清水，大火煮沸。

④ 将调料包放入沸水锅中，加入冰糖、老抽、绍酒、红曲米水，煮沸，撇去泡沫，继续煮至汤汁味浓即可。

2. 黄卤的配制方法

主料

芹菜、生姜　　　　　各150克

调料

A：黄栀子、香叶、山奈、
花椒、良姜、砂仁各适
量，油炸蒜仁、油炸鲜
橘皮各15克

B：油咖喱15克，沙嗲酱1
瓶，料酒100毫升，熟
菜籽油25毫升，味精20
克，盐23克，骨头汤
1200毫升

做法

① 将黄栀子拍裂；芹菜去老叶洗净，切段；生姜洗净，拍松。
备好其他食材。（图①、图②）

② 将调料A装入布包，制成调料包。（图③）

③ 将调料包、芹菜段、生姜、调料B一起放入卤锅内调匀，
大火烧沸，转小火熬至卤汁浓稠，下入需要卤制的食材进
行卤煮即可。（图④）

要点提示

· 黄卤最适合卤制咖喱味的食材。

3. 精卤水的配制方法

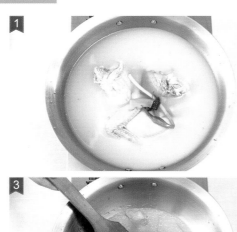

主料

猪骨300克，老鸡肉300克，葱结15克，蒜10克，肥肉50克，洋葱20克，香菜15克

调料

A：草果15克，白蔻、大料、红曲米各10克，小茴香2克，花椒、甘草各5克，桂皮、砂仁各6克，干沙姜15克，丁香3克

B：盐2大匙，生抽、老抽各20毫升，鸡精2小匙，白糖适量

做法

① 备好所有食材。

② 锅中加入适量清水，放入洗净的猪骨、老鸡肉，大火烧热，煮至沸腾，撇去汤中浮沫，转小火熬煮1个小时，捞出鸡肉和猪骨，余下的汤即为高汤。

③ 将调料A装入布包制成调料包。

④ 油锅烧热，放入洗净的肥肉，煎至出油，倒入蒜、洋葱、葱结、香菜，大火爆香，放入白糖，翻炒至白糖化开。倒入备好的高汤，大火煮沸，放入调料包，转小火煮沸。（图②、图③）

⑤ 加入盐、生抽、老抽、鸡精，拌匀入味，小火熬煮30分钟，挑去葱结、香菜，即成精卤水。（图④）

4. 酱或酱汁的调制

优质的酱菜除选料要好外，一定要调出高质量的酱或酱汁。一般有以下几种。

直接使用甜面酱，或在甜面酱内加入黄豆酱、辣豆瓣酱调匀使用。

酱油和少量的盐调匀使用，也可加适量的辣椒调成辣味。

甜面酱和酱油混合使用。

酱油和醋混合使用，辅加盐调味，也可加适量的辣椒突出辣味。

为了调出优质的酱汁，有必要了解一下酱菜的原理。酱与酱油对于酱渍品的作用是，酱渍品不仅从酱或酱油中吸收氨基酸和糖分等营养物质，也从中吸附了酱或酱油特有的色泽和鲜美的滋味，从而形成了各种别具风格的制品。这一过程主要是物理吸附作用。而酱与酱油本身色、香、味的形成，却是由于蛋白质在酶的作用下水解，经一系列复杂的生物化学变化而呈现的结果。同时酱或酱油中的盐也可使酱渍品具有防腐性。因此，不论哪种酱或酱汁，其用量都要淹没原料。

5. 酱菜的保存

酱菜的糖分和蛋白质含量较高，在温度适宜的条件下微生物的生长繁殖较快，极易腐烂。因此酱菜制好后，采用以下方法保存。

一直埋在酱里，只要不取出，则可保存较长时间。

在一周内吃多少酱制多少，防止酱菜成品变质。

将成品酱菜分装于玻璃瓶或复合薄膜袋内，密封后用热水或蒸汽杀菌一定时间，而后冷却，可达到较长时间保存的效果。

将制好的酱菜装于玻璃瓶，放入冰箱保鲜室，可延长保存期。

6. 巧搭配，吃腌泡酱菜能养生

腌泡酱菜是中国菜肴的一部分，在平民百姓乃至官府餐桌上都常见其身影，除直接佐餐食用外，搭配其他肉食一起烹调，不仅仅能增加成菜的风味，更能保健养生。

➲ 解腻去油，防止发胖

腌泡酱菜能解肉类的油腻，其实就是把肉类的脂肪分解和转换成更易于吸收和代谢的营养物质，方便人体充分吸收其中的精华，排泄多余的油脂，避免堆积起来使人发胖，防止血脂超标。

➲ 开胃助消化，防治肠胃病

腌泡酱菜是开胃的，和肉类一起烹调，能把其中的营养成分分解成更容易消化的物质，既提高营物质养的利用率，又减轻肠胃的消化负担。特别是可以缩短肉食在胃肠中的消化时间。肉食在体内停留时间太长，会腐败产生毒素，引起胃炎、肠炎和肠道癌症。

➲ 去腥杀菌，预防食物中毒

久负盛名的酸菜鱼，汤里不带一点河鱼泥腥味，全靠其中的腌菜调酸味。腌泡酱菜能去腥味，实际上就是消毒杀菌。生的肉、鱼类，都带有致病菌和毒素，它们的腥味，就是对我们的一种警示。腌泡酱菜含有活性益生菌，能抑制有害的病菌，这样做出来的菜肴吃起来更安全，也更容易储存。

第二章

清新爽口的素菜

经过长时间的卤酱制作，
各种蔬菜口味浓厚，
食用后可以开胃助消化，
是清新爽口的饭前小菜。

……

酱咸白菜

制作时间
15 分钟

难易度
★

主料

| 大白菜 | 1000克 |

调料

| 甜面酱 | 600克 |
| 盐 | 30克 |

做法

① 大白菜洗净，切成 6 厘米大小的块。

② 白菜块放在小盆中，加入盐拌匀腌 4 小时。

③ 待时间到后，把白菜块的水分挤去，装在小布袋内。

④ 甜面酱倒在小盆中，放入白菜袋拌匀，酱制 5 天以上即成。

要点提示

· 盐腌后的白菜如果有咸味，应用纯净水漂洗去咸味，并且控干水分。

· 要把小布袋压到甜面酱内，并且每天翻动一次。

· 除直接佐餐外，也可作为配料与肉片、鸡片一同炒食。

酱辣圆白菜

制作时间
15 分钟

难易度
★

主料

圆白菜	1000克

调料

酱油	500克
盐	30克
朝天干辣椒	10只
八角	2枚
花椒	数粒

做法

① 圆白菜洗净，用刀切成 6 厘米大小的块。

② 圆白菜块刀切面朝上放在小盆中，每码放一层撒一层盐。码完后上压一个重物，腌 4 小时。

③ 坐锅点火，倒入酱油，加入干辣椒、花椒和八角，待煮开至出味，关火晾凉。

④ 将白菜块内的汁水滗去，倒入辣味酱油汁腌 2 小时，即可食用。

要点提示

· 圆白菜刀口向上码放，便于盐分渗入。

· 腌制时压上重物，使菜内的水分很快排出。

酱辣莴笋

主料

莴笋	400克

调料

甜面酱	50克
酱油	50克
盐	20克
干辣椒	5只
生姜、小葱	各5克

做法

① 莴笋去叶，洗净去皮，切成滚刀小块。

② 干辣椒用湿布抹去灰分，用刀切成短节。

③ 生姜洗净，切片；小葱切短节。

④ 莴笋块放在容器中，加入盐拌匀腌4小时，控净水分。

⑤ 再加入干辣椒节、葱节、姜片、甜面酱和酱油，拌匀后盖好盖子，置冰箱内腌1天即可食用。

要点提示

· 莴笋的皮及老根要去净，否则会影响口感。

· 如果莴笋过咸，可用纯净水漂洗去一部分咸味。

糖酱洋葱

制作时间 15 分钟　难易度 ★

主料

洋葱	1000克

调料

酱油	1000克
红糖	60克
盐	15克
花椒、八角	各2克
生姜片	30克

做法

① 洋葱去根和外层老皮，用清水洗净，控干水分。把洋葱切成滚刀块，抖撒后纳盆，静置约 15 分钟。

② 坐锅点火，倒入酱油，加入生姜片、红糖、盐、花椒和八角，煮出香味，关火晾凉。

③ 取一个干净广口玻璃瓶，装入洋葱块和酱油汁，加盖封口，腌 4 天即成。

要点提示

· 洋葱块要大小相等且适宜。

· 切好的洋葱块不要立即腌制，应晾去一些水分再腌。

酱小土豆

制作时间
15 分钟

难易度
★

主料

小土豆	1000克

调料

甜面酱	500克

要点提示

· 土豆表皮晾至干爽时才可
  酱制。

· 容器要烫洗擦干，也要防
  止滴入生水。

做法

① 将小土豆洗净，入开水锅中煮熟。

② 捞出用凉水浸凉，剥去外皮，晾干。甜面酱放入小盆内，
   放入土豆拌匀，使其均匀沾上一层甜面酱。

③ 加盖，入冰箱腌制 2 周即成。

冰糖萝卜皮

制作时间
15 分钟

难易度
★

主料

白萝卜皮	1000克

调料

淡酱油	200克
冰糖	100克
盐	10克

做法

① 把白萝卜皮洗净，先顺长划上刀纹后，再横着切成手指宽的条。

② 白萝卜皮入小盆，加入盐拌匀腌20分钟。

③ 坐锅点火，倒入淡酱油烧沸，加入冰糖煮化，离火晾凉待用。

④ 将白萝卜皮腌出的水分滗去，倒入冰糖酱油拌匀，腌2天以上，即可取出食用。

要点提示

· 白萝卜皮质地较硬，先用盐腌，让其出水变软，便于酱制时入味。

· 喜欢甜味的多加冰糖，反之，少加冰糖。

酱萝卜丝

制作时间
20 分钟

难易度
★

主料

白萝卜	1000克

调料

酱油	250克
白糖	25克
盐	10克
干辣椒	5只
鲜青、红尖椒	各2只
生姜	10克

做法

① 白萝卜洗净,切成细丝;青、红尖椒和生姜也分别切成细丝。

② 白萝卜丝和青红尖椒丝入盆,加入盐拌匀腌10分钟。

③ 坐锅点火,倒入酱油,加入生姜丝、白糖和干辣椒煮出味,离火晾凉。

④ 把白萝卜丝内汁水挤去,放在小盆内。

⑤ 倒入晾凉的味汁,拌匀,腌约 1 天即成。

要点提示

· 也可用擦床擦成丝,但口感没有刀切的脆。

· 熬酱汁时需顺一个方向不时地搅动。这样既防止白糖粘锅,又可使酱油更加黏稠。

· 酱汁一定要放凉,否则口感不脆。

黄酱白萝卜

制作时间 20分钟　难易度 ★

主料

白萝卜	500克

调料

黄酱	150克
盐	40克

做法

① 白萝卜洗干净，切成约6厘米长、0.5厘米见方的条。

② 坐锅点火，加入500克清水，放入盐煮溶化，关火。

③ 待盐水降温至80℃时，放入白萝卜条，置于通风阴凉处泡1天，捞出，控干水分。

④ 把白萝卜条放在小盆内，加入黄酱拌匀，覆上保鲜膜，放在冰箱里腌10天以上即成。

要点提示

· 用温盐水泡白萝卜，则容易去掉其本身的辣味，不易变坏。但盐水泡过的萝卜也要晾干表面水分，否则也易变坏。

· 根据口味轻重调节黄酱用量。

桂花酱芥疙瘩

制作时间
20 分钟

难易度
★

主料

芥疙瘩	1000克

调料

酱油	500克
白糖	100克
桂花酱	20克
生姜丝	10克

做法

① 芥疙瘩洗净，顺长切成四半。

② 坐锅点火，加入适量清水烧开，放入芥疙瘩煮至能用筷子戳透，捞出控汁。

③ 坐锅点火，倒入酱油，加入生姜丝、白糖和桂花酱煮出味，离火晾凉。

④ 把芥疙瘩放入酱汁中腌6天，即可取出改刀食用。

要点提示

· 芥疙瘩不要煮得太软，能用筷子戳透即可。

· 酱制时每天翻动一两次，以便于入味。

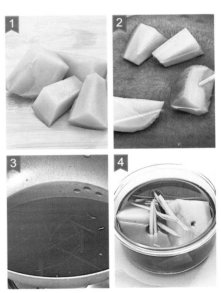

酱甜胡萝卜

制作时间
15 分钟

难易度
★

主料

胡萝卜	1000克

调料

黄豆酱	200克
白糖	100克
盐	40克
米酒	40克

做法

① 胡萝卜洗净，切滚刀小块。

② 放在小盆中，加入盐拌匀，并用重物压住腌约 10 小时，滗出水分。

③ 再用凉开水洗去盐分。

④ 加入黄豆酱、白糖和米酒拌匀，放入冰箱腌约 3 天即可。

要点提示

· 将胡萝卜一边滚动一边用直刀切，切成的块即是滚刀块。

· 盐腌胡萝卜块腌透变软即可。

黄酱莲藕

制作时间
20分钟

难易度
★★

主料

莲藕	500克

调料

黄酱	150克
盐	20克
白醋	10克

做法

① 莲藕洗净表面污泥，晾干水分，削去外皮，切成约1厘米见方的丁。

② 坐锅点火，加入适量清水，放入白醋和藕丁烫至断生，捞出速用凉水过凉。

③ 藕丁与盐拌匀，腌约半天，控去水分。

④ 再加入黄酱拌匀，覆上保鲜膜，放在冰箱里腌5天即成。

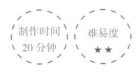

要点提示

· 藕丁注意一定要将水控干，否则容易长毛。

· 根据口味轻重调节黄酱用量。

卤汁藕片

制作时间 20分钟　难易度 ★★

主料

莲藕	300克
肥肉	50克
洋葱	20克
葱结、香菜	各15克
蒜	10克

调料

高汤	适量
调料包	1个
盐	2大匙
生抽、老抽	各4小匙
鸡精	2小匙
白糖	适量

做法

① 挑选新鲜的莲藕，洗净，去皮，切片；洋葱去皮，切大块；香菜洗净，切段；蒜去皮，切片。

② 油锅烧热，放入肥肉炒出油，下入葱结、蒜片、洋葱块、香菜段煸炒出香味。

③ 倒入高汤，大火煮沸，加入剩余调料，制成卤汁。

④ 将切好的藕片放入卤汁中，大火煮沸，转小火卤煮至熟，装盘，浇汁即可。

卤菜花

制作时间
20分钟

难易度
★★

主料

菜花	500克
肥肉	50克
洋葱、香菜	各少许
葱、姜	各适量

调料

高汤	适量
调料包	1个
盐	2大匙
生抽、老抽	各4小匙
鸡精	2小匙
白糖	3小匙

做法

① 挑选新鲜的菜花，洗净，切成小朵；葱洗净，打成结；姜洗净，切片；洋葱去老皮，切片；香菜洗净，切段。

② 油锅烧热，放入肥肉，煎出油，爆香葱结、姜片、洋葱片、香菜段。

③ 锅中加适量水和所有调料，大火烧沸，加入菜花，再次煮沸，转小火卤制10分钟，晾凉后装盘即可。

酱黄瓜条

制作时间 20分钟　难易度 ★

主料

黄瓜	500克

调料

甜面酱50克，酱油20克，盐15克，白糖10克，色拉油适量，姜末、葱花各5克

做法

① 小黄瓜洗净，去蒂后纵切为6条，再切成5厘米长小段，放在小盆内。

② 撒入盐拌匀腌约4小时，沥去汁水。

③ 锅置火上，放色拉油烧热，下甜面酱炒出酱香味，加入适量清水、姜末、葱花、酱油、白糖熬匀，离火晾凉。

④ 把黄瓜条装在广口瓶内，倒入调好的酱汁，加盖封口，置阴凉处腌2天即成。

酱蒜辣黄瓜

制作时间 20分钟

难易度 ★★

主料

黄瓜	500克

调料

酱油500克，醋、冰糖各100克，蒜末50克，盐15克，白酒10克，朝天干辣椒5只，八角2枚，花椒数粒

做法

① 将黄瓜洗净，切去两头，顺长剖为四条，从中间切成段。

② 黄瓜段放在小盆中，加入食盐拌匀腌4小时，沥去盐汁。

③ 再放到阴凉通风的地方晾至收缩且表面较干瘪时为止。

④ 坐锅点火，倒入酱油、醋和冰糖，加入花椒和八角，煮开后放入干辣椒，稍煮出味，关火晾凉，加入25克蒜末待用。

⑤ 黄瓜段入盆，加剩余蒜末和白酒拌匀，再倒入蒜香酱油汁腌2小时以上即成。

要点提示

· 晾黄瓜时不要直接晒。使用冰糖，黄瓜更脆。

· 蒜的用量要足，使成品蒜味浓。

酱蒜香冬瓜

制作时间 15 分钟　难易度 ★

主料	
冬瓜	1000克
大蒜	100克

调料	
酱油	500克
盐	30克

做法

① 大蒜分瓣，剥去蒜衣，待用。

② 冬瓜洗净去皮，切成滚刀小块，放在小盆内。

③ 加入盐拌匀，放在阳光下晒 2 天，去除水分。

④ 坐锅点火，倒入酱油烧沸，搅匀，关火。

⑤ 把蒜瓣放在冬瓜内，倒入酱油汁腌 3 天即成。

要点提示

· 冬瓜用盐腌去一些水分，在酱制时不易变坏。

· 蒜的用量可多一点。

甜酱冬瓜

制作时间 15 分钟

难易度 ★

主料

冬瓜	1000克

调料

甜面酱	400克
白糖	200克
盐	30克

做法

① 冬瓜洗净，去皮及瓤，切成 0.5 厘米厚的长方片，放在小盆内。

② 加入盐拌匀，腌约 6 小时，控尽水分。

③ 将甜面酱和白糖放在小盆内，调匀。

④ 纳冬瓜片拌匀，加盖酱制 3 天以上即成。

要点提示

· 应选色绿、肉厚、成熟适度、大而圆的冬瓜。

· 冬瓜切片要大小相等，厚薄适宜，以便于同时入味。

酱甜辣南瓜条

制作时间
15 分钟

难易度
★

主料

主料	
南瓜	500克

调料

调料	
甜面酱	100克
酱油	100克
白糖	25克
辣椒酱	10克
盐	10克

做法

① 南瓜洗净，去皮及瓤，切成5厘米长、小手指粗的条。

② 坐锅点火，加入适量清水烧沸，放入南瓜条焯至变色，捞出过凉，控干水分。

③ 盐拌匀，放在阳光下晒至表面略干。

④ 将甜面酱放在碗中，加入酱油调匀，再加入白糖和辣椒酱调匀。

⑤ 放入南瓜条拌匀，加盖封口，酱制2天即成。

要点提示

· 南瓜条不可煮得过熟，否则，极易碎烂。

· 南瓜条加盐晾晒，以去除水分增加底味，避免在酱制时变质。喜欢重甜重辣的人，可加大白糖和辣椒酱的量。

酱甜菜瓜

制作时间
15 分钟

难易度
★

主料

西葫芦	1000克

调料

甜面酱	250克
白糖	50克
盐	30克

做法

① 西葫芦洗净表面污泥，切去两头，纵剖为两半，挖去瓤，先切成 5 厘米长的段，再切成小指粗的条。

② 西葫芦条放在小盆内，撒入盐拌匀腌 6 小时，用手攥干水分。

③ 取一个干净小盆，放入甜面酱和白糖拌匀。

④ 放入西葫芦条拌匀，酱渍 3 天左右，即可取食。

要点提示

· 盐腌时间要够，否则，食用时有腥味。

· 如果甜面酱太稠，可加适量酱油稀释。

· 酱腌时间根据季节控制好，一般是夏季3天，冬季5天。

酱咸彩椒

制作时间
15 分钟

难易度
★

主料

鲜彩椒	1000克

调料

甜面酱、酱油	各250克
盐	40克

做法

① 将鲜彩椒洗净，沥干，去蒂及瓤，用手掰成2厘米大小的块。

② 将500克纯净水倒在小盆内，加入盐搅匀至溶化，放入彩椒块腌3小时，捞出晾干表面水分。

③ 将甜面酱和酱油放入小盆中，用筷子充分混匀成酱汁，待用。

④ 取一个小布袋，装入青椒块，扎好口，放在酱汁中拌匀，加盖腌5天即成。

要点提示

· 必须选取新鲜硬实的彩椒。若表面有黑点的地方，务须去净。

· 腌制期间，每1天都要取出来搅拌一次，以散热气。但用力要轻，不要伤害彩椒。

酱红辣椒

制作时间 20分钟　难易度 ★

主料

鲜红辣椒	1000克

调料

酱油	300克
盐	100克
白糖	50克
花椒、八角	各3克

做法

① 将鲜红辣椒的蒂部用剪刀剪去，整根洗净，晾干水分，用钢针扎上小孔。

② 酱油放在碗内，加入白糖调匀至溶化，待用。

③ 按一层红辣椒撒一层盐的顺序入小盆，直至装完。

④ 将酱油倒入，上压重物。

⑤ 待2天后，将酱油汁沥在锅内，加入花椒和八角煮沸，晾凉。

⑥ 把红辣椒装在瓶内，倒入酱油汁腌5天后即可食用。

要点提示

· 红辣椒扎上小孔，便于腌制入味。

· 用重物压住辣椒，让酱油没过。否则，会漂起来。

酱豆角

制作时间
15分钟

难易度
★

主料

豆角	500克

调料

酱油	100克
甜面酱	50克
盐	20克
生姜末	10克
色拉油	500克（约用50克）

做法

① 豆角洗净，择去两头及筋络，掰成5厘米长的段。

② 坐锅点火，注色拉油烧至六成热，放入豆角段炸约半分钟，倒出控油。

③ 豆角放在小盆中，加入酱油、甜面酱、盐和姜末拌匀，腌制1天即成。

要点提示

· 必须选用无豆的嫩豆角。

· 油炸豆角表面略起皱即好。

酱渍西红柿

制作时间
15分钟

难易度
★★

主料

西红柿	1000克
生姜片	15克
香菜末、葱丝	各少许

调料

酱油	250克
盐	40克
八角	2枚
香油	适量

做法

① 准备好调料。

② 西红柿洗净，切成橘瓣块。

③ 坐锅点火，加入 400 克清水，放入酱油、盐、姜片、八角、盐，烧沸后离火晾凉。

④ 西红柿块入小坛中，倒入味汁，加盖酱 10 小时。

⑤ 待食用时捞出，与香菜末、葱丝和香油拌匀，装盘上桌。

要点提示

· 不要选用过熟的西红柿。

· 切西红柿块时顺着表皮的纹路切成块，其表面光滑，汁液流失少。

酱肉茄子

制作时间
30 分钟

难易度
★★★

主料

圆茄子	1000克
猪五花肉	50克
葱白、生姜	各20克
虾皮	10克

调料

黄酱	100克
酱油	100克
白糖	50克
盐	40克
色拉油	100克

做法

① 将茄子洗净，去蒂及皮，切成拇指粗的条，与20克盐拌匀腌10分钟，滗去水分。

② 猪五花肉洗净，切成玉米粒大小的丁；葱白、生姜分别切末；虾皮洗净，挤干水分。

③ 将茄条放在盘中，上笼用旺火蒸约10分钟，取出沥水，晾凉待用。

④ 坐锅点火，注入色拉油烧热，下入葱末和姜末炸香，倒入五花肉丁炒至变色，加入酱油炒香，再加黄酱翻炒均匀。

⑤ 接着加入适量开水、虾皮、白糖和剩余盐炒匀，盛出晾凉。

⑥ 取一个保鲜盒，按一层茄条一层肉酱的顺序装完，盖好盖子，入冰箱冷藏2小时即成。

要点提示

· 材料以选用圆茄子为佳，蒸出后口感会更加细腻。

· 茄条不要切太细，以免蒸后软烂变形。

· 炒好的肉酱要咸一些，便于保存。

卤玉米棒

制作时间 30 分钟　难易度 ★★

主料

玉米棒	600克
肥肉	15克
洋葱、香菜	各少许
葱、姜、蒜	各适量

调料

高汤	适量
调料包	1个
盐	2大匙
生抽、老抽	各4小匙
鸡精	2小匙
白糖	3小匙

做法

① 玉米棒洗净，斩成小段；姜、蒜均洗净，切片；葱洗净，打成结。其他食材备齐。

② 油锅烧热，放入肥肉，煎出油，爆香葱结、姜片、洋葱片、香菜段。

③ 锅中放入高汤和所有调料，大火煮沸，制成卤水。

④ 将玉米棒段放入精卤水中，大火煮沸，转小火卤制20分钟，至玉米棒入味，关火，捞出玉米棒，沥干卤汁，装盘即可。

卤芋头

主料

小芋头	450克
肥肉	15克
洋葱片、香菜段	各少许
葱段、姜片、蒜片	各适量

调料

高汤	适量
精卤调料包	1个
盐	2大匙
生抽、老抽	各4小匙
鸡精	2小匙

做法

① 将小芋头去皮，洗净。备好其他食材。

② 油锅烧热，放入肥肉，煎出油，爆香葱段、姜片、蒜片、洋葱片、香菜段。

③ 倒入高汤，加入剩余调料，大火煮沸，制成精卤水。

④ 将小芋头放入精卤水中，大火煮沸后，转小火卤制约20分钟，至小芋头入味后，关火，晾凉，捞出，沥干卤汁，装碗即可。

卤土豆

制作时间 30 分钟　难易度 ★★

主料

土豆	150克
洋葱片、香菜段	各少许
葱段、姜片、蒜片	各适量

调料

高汤	适量
精卤调料包	1个
盐	2大匙
生抽、老抽	各4小匙
鸡精	2小匙

做法

① 土豆去皮，洗净，切成滚刀块。备好其他食材。

② 油锅烧热，爆香葱段、姜片、蒜片、洋葱片、香菜段。

③ 倒入高汤，加入剩余调料，大火煮沸，制成精卤水。

④ 将土豆块放入精卤水中，大火煮沸后，转小火卤制约15分钟，至土豆块入味后，关火，捞出，晾凉，装盘，淋上少许卤汁即可。

蘑菇鸡杂

制作时间 90分钟　难易度 ★★★

主料

鲜平菇	200克
鸡肝、鸡心、鸡胗	各100克
葱段、姜片	各25克

调料

A：鸡汤1000毫升，盐2小匙

B：大料、花椒各5克，砂仁、豆蔻、丁香各2克，白芷、荜拨各1克

做法

① 将鸡杂洗净，沥水，下入沸水锅中，汆烫，捞出，洗净，切片。其余食材备齐。

② 将鲜平菇剪去老根，洗净，放入沸水锅中，汆烫2分钟，捞出沥干水分。

③ 将调料B装入布包中，制成调料包。

④ 净锅倒入鸡汤和适量清水，放入葱段、姜片、调料包、盐，大火烧开，转小火熬煮15分钟，至汤汁味浓。下鸡胗、鸡心，大火煮沸，转小火卤煮30分钟，下鸡肝、鲜平菇，小火卤煮约15分钟，关火，焖20分钟即可。

酱卤香菇

制作时间 15分钟　难易度 ★★

主料

干香菇150克，葱段适量

调料

清汤750毫升，桂皮、大料各5克，花椒2克，香油1小匙，老抽、白糖、盐、味精各适量

做法

① 将香菇冲洗干净，用温水浸泡2小时，至泡透变软。备好其他食材。

② 将香菇去蒂，洗净，挤出水分，从中间一切两半。

③ 油锅烧热，下入葱段、桂皮、大料、花椒、香菇，用中火煸炒约5分钟，加入老抽、白糖、盐、清汤、味精调味。

④ 盖上锅盖，大火煮沸，转小火卤煮至香菇熟烂。

⑤ 挑出桂皮、大料、花椒，淋入香油，晾凉，起锅装盘即可。

要点提示

· 香菇在卤制前一定要浸泡至软，这样才能充分吸收卤汁的香味。

糟卤猴菇

制作时间
50 分钟

难易度
★★

主料

猴头菇　　　　　　600克

调料

陈皮、花椒、丁香各2克，
香糟100克，绍酒100毫升，
鸡汤、盐、白糖各适量

做法

① 将猴头菇洗净，挤出水分，放入沸水锅中，汆烫 2 分钟，
捞出，切厚片。其余食材备齐。

② 将陈皮、花椒、丁香装入布包，制成调料包。

③ 取净锅，倒入鸡汤，放入调料包、盐、白糖，大火煮沸，
转小火熬煮 15 分钟，下入猴头菇片，大火煮沸，转小火
卤煮约 20 分钟，捞出，滤渣。

④ 将 200 毫升卤汁、香糟、绍酒放在容器中，调匀，下入猴
头菇片，浸卤 2 个小时，捞出装盘即可。

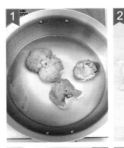

要点提示

· 不要选用过熟的西红柿。

· 切西红柿块时顺着表皮的纹路切成块，其表面光滑，
汁液流失少。

蚝豉双菇

制作时间
30 分钟

难易度
★★

主料

鲜平菇	300克
水发香菇	150克
葱段	25克

调料

料酒、蚝油各2大匙，老
抽、豉油各1大匙，香油3
大匙，鸡汤850毫升，胡椒
粉、五香粉各适量，味精、
盐各1小匙，白糖2小匙

做法

① 将鲜平菇去根，洗净，放入
沸水中，氽烫2分钟，捞出。
其余材料备齐。

② 净锅放入2大匙香油，烧热
后，下入葱段煸炒出香味，
倒入鸡汤、蚝油、豉油、老抽、
料酒、胡椒粉、五香粉、盐、
白糖，大火煮沸，煮5分钟，
至汤汁味浓，拣出葱段。

③ 下入鲜平菇、香菇，大火
烧开，转小火卤煮20分
钟，至入味，加味精，淋
入余下的香油。晾凉后，
装盘即可。

香卤平菇

主料

鲜平菇	500克
葱段、姜片	各25克

调料

A：老抽200毫升，绍酒100
毫升，鸡汤1000毫升，
香油1小匙，白糖、盐各
2小匙

B：桂皮、花椒、大料各5克

做法

① 将平菇去老根洗净；调料 B 装入布包制成调料包。其他材
料备齐。

② 将平菇放入沸水锅中，氽烫 1 分钟，捞出，沥水。

③ 油锅烧热，下葱段、姜片爆香，倒入鸡汤和除香油外的其
他调料 A 和调料包，大火烧开，再转小火煮 30 分钟，至
汤汁味浓。

④ 下入平菇，大火烧开，转小火卤煮 10 分钟，捞出装盘，
刷上香油即可。

要点提示

· 平菇清洗时，先在淡盐水中浸泡5分钟左右，平菇的细
纹中的小颗粒杂物等就会被洗净，然后再冲洗一下，
平菇就完全洗干净了，这样还能保证不破坏平菇的完
整性。

酒卤花生

制作时间 50 分钟

难易度 ★★

主料

花生	1000克
姜	15克
葱	10克

调料

料酒	250毫升
五香料	20克
卤汁	2500毫升
盐	1小匙
胡椒粉	少许
味精	半小匙
蚝油	适量

做法

① 将花生洗净，放入开水锅中氽烫一下；姜切片；葱切段；卤汁装碗；五香料装入布包制成调料包备用。

② 净锅置于火上，倒入卤汁煮沸，加入调料包、姜片、葱段、盐、胡椒粉、味精，大火煮沸，撇去浮沫，倒入花生、料酒，中火烧开，改小火慢卤至熟，捞起沥水，装盘，淋蚝油即可。

酱浇脆豇豆

制作时间
30 分钟

难易度
★★

主料

豇豆	100克
鸡蛋	1个
葱白丝、猪肉丁、竹笋丁	
	各适量
姜丝、香葱末	少许

调料

面粉20克，香油2大匙，料酒、醋、老抽各1大匙，水淀粉、鸡汤、白砂糖各2小匙，盐1小匙，味精少许

做法

① 将豇豆择去两头，洗净，切长段，放入沸水中煮熟，加半小匙盐、半大匙料酒和少许味精腌渍。备好其他食材。

② 鸡蛋打散，加面粉和适量清水，调匀成面糊，放入豇豆段拌匀，放入油锅中炸至金黄色，捞出装盘。

③ 香油锅烧热，放入剩余材料煸炒，烹入剩余调料，煮沸，浇在炸豇豆段上即可。

47

卤珍珠豆

制作时间 80分钟　难易度 ★★

主料

豆腐干	500克
鹌鹑蛋	18个
葱段、姜片	各5克

调料

A：老抽200毫升，盐2小匙，味精半小匙，绍酒100毫升

B：桂皮、花椒各10克，草果2个，丁香3克，大料5个

做法

① 备好所有食材。将调料B装入布包，制成调料包。

② 将豆腐干放入沸水中余烫5分钟，捞出，沥干水分，斜刀切片。

③ 将鹌鹑蛋放入凉水锅中，小火烧开，约4分钟后，捞出，放入凉水中浸泡2分钟，取出，去壳。

④ 另取净锅，倒入清水，加葱段、姜片、所有调料，大火煮沸，转小火熬煮30分钟，至汤汁味浓。

⑤ 将鹌鹑蛋下入卤汁锅中，卤煮5分钟，下入豆腐干，再煮15分钟，至味浓时捞出即可。

卤豆腐

制作时间 40分钟

难易度 ★★

主料

豆腐	500克
葱	25克
姜	10克

调料

A：老卤汁1000毫升，香油1小匙；

B：大料、桂皮各5克，花椒、甘草、丁香各1克，香叶2片

做法

① 将豆腐洗净；将老卤汁装碗；调料 B 装入布包制成调料包；葱洗净，切段；姜洗净，切小块，备用。

② 将豆腐切成长方形厚片，备用。

③ 将老卤汁倒入净锅中，加入葱段、姜块、调料包，大火煮沸后，转小火熬煮15分钟。

④ 将豆腐片放入老卤汁中，小火卤煮15分钟，捞出，装盘，晾凉，淋上香油即可。

卤豆腐皮

主料

豆腐皮	300克
香菜	30克

调料

卤水	适量

做法

① 豆腐皮洗净，香菜略烫。

② 把豆腐皮叠成长方形，用香菜梗扎起。

③ 卤水烧开，放入豆腐皮卤至入味，取出装盘，淋上卤水即可。

Tips
豆香味浓厚，家常美食。卤制时一定要将豆腐皮全部浸泡于卤汁中，以防止风干。

香卤豆干

主料

豆干	300克

调料

香油、卤水	各适量

做法

① 豆干洗净，待用。

② 卤水煮开，放入豆干烧开，熄火，将豆干浸泡入味后取出，叠起，用重物压实，待豆干凉透后切片装盘，淋上香油、卤水即可。

Tips
豆干有韧性，耐嚼味香。一定要将卤好的豆干用重物压实，凉透后才会干香味厚。

主料

豆腐干	250克

调料

卤水	适量

做法

① 豆腐干洗净，切块。

② 卤水锅置火上，放入豆腐干小火煮30分钟，捞出装盘即可。

五香豆腐干

主料

素鸡	300克

调料

红油、芝麻、卤水	各适量

做法

① 素鸡洗净切片，用竹扦穿起。

② 卤水烧开，放入素鸡串卤至入味即可。

③ 红油中撒上芝麻，供蘸食。

Tips

简单易做，味道可口。素鸡切开后很容易散开，穿竹扦和卤制时动作要轻一些。

香卤素鸡串

精卤黑木耳

主料

水发黑木耳100克，肥肉10克，葱段、姜片、蒜片各适量，洋葱段、香菜段各少许

调料

精卤调料包1个，盐2大匙，生抽、老抽各4小匙，鸡精2小匙，白糖、高汤各适量

做法

① 将水发黑木耳洗净，撕成小块。其他材料备齐。

② 油锅烧热，放入洗净的肥肉煎出油，倒入洋葱段、葱段、香菜段、蒜片、姜片，大火爆香，倒入白糖翻炒至化。

③ 倒入高汤和剩余调料，小火煮约30分钟，制成精卤水。

④ 将黑木耳块放入制成的精卤水中，加盖，小火卤制15分钟，出锅即可。

要点提示

· 本书前文知识中有制作精卤水的详细介绍，可以根据那个步骤自己制作精卤水。精卤水比较容易保存，卤完黑木耳还可以卤制其他食材。

多香卤木耳

主料

干黑木耳　　　　　　　适量

调料

卤汁3000毫升，火锅料50克，鸡精1小匙，十三香、料酒各2大匙，花椒2小匙，干辣椒15克，花椒油1大匙

做法

① 将干黑木耳泡发洗净，沥水，去掉杂质。将火锅料剁碎；将干辣椒去蒂及种子，切小段。

② 油锅烧热，下火锅料炒香，加入鸡精、十三香、料酒、花椒、干辣椒炒香。

③ 倒入卤汁，大火煮沸滤渣。

④ 待卤汁熬出香味，放入黑木耳，小火卤煮，至黑木耳熟透，捞起沥干装盘，浇汁及花椒油即可。

要点提示

· 要勤于翻炒火锅料，不可炒焦。黑木耳卤制的时间不宜过长，若觉得不入味可浸卤几分钟。

黄瓜素鸡

主料

素鸡	3个
黄瓜	1根
蒜末、红椒末	各适量

调料

A：白醋、盐各1小匙

B：辣椒酱、老抽各1大匙，
    白糖1小匙

C：香油少许

做法

① 素鸡洗净切片，放入开水锅中氽烫断生，捞出，沥干水分，备用。

② 黄瓜洗净切片，放入碗内加调料 A 拌匀腌渍 10 分钟。

③ 将调料 B 和蒜末、红椒末混合均匀，制成调味料。

④ 将黄瓜片冲净装盘，加素鸡片和做法 3 中的调味料，搅拌匀，腌制 1 个小时，食用前淋上调料 C 即可。

制作时间 15 分钟　难易度 ★

红卤海带

主料

水发海带	1500克
姜片	10克

调料

豆瓣酱2大匙，料酒50毫升，胡椒粉半小匙，卤汁2500毫升，盐2小匙，冰糖、花椒油各1小匙，味精半小匙

制作时间 60分钟　难易度 ★★

做法

① 将海带放入清水中浸泡一下，洗净，切方形，放入沸水锅中氽烫一下，捞起沥水；将豆瓣酱剁碎。备好其他食材。

② 油锅烧热，加入豆瓣酱炒香，倒入卤汁煮沸，撇去泡沫，滤去渣。

③ 加入姜片、料酒、胡椒粉、盐、冰糖、花椒油煮沸，放入海带，小火慢卤至熟，冷却捞起，装盘即可。

55

卤海带

主料

海带	500克
葱结、香菜	各15克
蒜片、姜片	各10克
洋葱	20克
肥肉	50克

调料

精卤调料包	1个
盐	2大匙
生抽、老抽	各4小匙
鸡精	2小匙
高汤、白糖、白醋	各适量

做法

① 将海带洗净，切宽片；洋葱去皮，切块。备好其他食材。

② 净锅入肥肉煎至出油，倒入蒜片、洋葱块、葱结、香菜，大火煸炒至出香。

③ 再倒入白糖，翻炒至化开，入高汤，大火煮沸，放入所有调料，转小火煮 30 分钟，制成精卤汁。

④ 将海带片放入加有少许白醋的沸水锅中汆烫一下，倒入煮沸的精卤汁中小火慢卤 8 分钟即可。

要点提示

· 高汤不宜长期保存，制成卤汁后，加入盐、老抽、生抽等，就相对比较容易保存了。

第三章

浓香扑鼻的肉菜

卤酱肉色泽红润，

浓香扑鼻而来。

做好一大锅，

储存起来，

在不愿做饭的慵懒日子里，

端出来就是一桌好吃的下饭菜。

白卤花肉

制作时间 90 分钟

难易度 ★★

主料

带皮五花肉	适量
姜	50克
蒜	30克
干葱	20克

调料

A：鸡精50克，盐300克

B：大料、香叶各5克，桂皮8克，草果3克，陈皮1小块

C：蒜蓉、新鲜沙姜蓉各50克，老抽2小匙，生抽150毫升，熟花生油适量

做法

① 五花肉洗净；姜、蒜洗净，切片。

② 锅中加入适量水和调料 B，大火烧沸后转小火继续烧20 分钟，加入调料 A。

③ 油锅烧热，放入姜、蒜、干葱炸香后，加入适量老抽，再一起倒入调好味的卤水中。

④ 将带皮五花肉放入卤水中，卤水一定要没过五花肉一倍以上。

⑤ 大火烧沸后转小火，约 50分钟后，卤至五花肉露出

水面即可捞出，晾凉后切成大片，蘸着调料 C 食用。

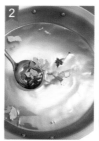

红卤花肉

主料

带皮五花肉	500克
葱丝、姜片	各15克

调料

A：老抽300毫升，绍酒150毫升，冰糖225克，盐适量

B：大料、桂皮各7.5克，草果、甘草、豆蔻、白芷各5克，花椒3克，丁香5克

做法

① 将五花肉，拔净猪毛，刮净皮上油脂，洗净。备好其他食材。

② 将调料 B 装入布包中，制成调料包。

③ 将五花肉放沸水锅中，大火烧开，撇净浮沫，煮约10分钟，捞出，沥干水分。

④ 锅中加适量水，下葱丝、姜片、调料包、调料 A，大火煮沸后，改小火熬煮30分钟。

⑤ 将五花肉放入锅中，大火烧沸，转小火焖煮4 ~ 5个小时，至肉熟烂捞出，晾凉。

⑤ 将卤好的五花肉切成长方形大片，摆盘即可。

五香卤肉

主料

猪腿肉1000克，鸡骨头250克，姜片25克，葱结50克

调料

A：冰糖、盐各50克，糖色适量，鲜汤1500毫升

B：干辣椒5个，花椒30粒，大料15克，小茴香10克，胡椒、桂皮、甘草、山奈各5克

做法

① 挑选新鲜的猪腿肉，去毛及杂质；将调料B装入布包，制成调料包。备好其他食材。

② 将猪腿肉洗净，切块，放入沸水锅中氽烫一下，除去血沫污垢，捞出，备用。

③ 将糖色、鸡骨头、姜片、葱结、调料包、鲜汤倒入锅中烧开，撇去浮沫，熬出香味。

④ 将冰糖、盐、猪腿肉倒入锅中，中火卤至肉香软熟，捞出晾凉即可。

要点提示

· 糖色用量以汤色变红为度。捞出卤肉之后，可以将卤汁大火煮沸，撇去浮沫，滤渣晾凉后冷藏，可以长期保存的哦。

主料

猪肘	350克
青尖椒、红尖椒	各50克

调料

卤水、大葱、老姜、高度白酒、料酒、盐、味精、糖色、老抽、色拉油各适量

做法

① 猪肘去毛洗净，用开水浸泡5分钟。原锅上火，加入大葱、老姜、白酒、料酒，煮至猪肘五成熟，捞出擦干水分，抹上糖色及老抽备用。

② 将猪肘入六成热油里炸至皮皱，放入卤水锅中，用小火卤30分钟，捞出装盘。

③ 将青、红尖椒切圈，入五成热的油内滑炒至熟，加盐、味精略炒入味，出锅后撒在猪肘上即可。

虎皮风味肘

主料

猪肘	600克

调料

盐、味精、冰糖、酱油、红曲米水、料酒、八角、桂皮、香叶、草果、白芷、干辣椒、葱、姜各适量

做法

① 猪肘去毛，洗净，用沸水汆透后捞出，放入凉水中浸泡2小时。

② 将各种调料加水对成酱汤，烧开，放入猪肘，慢火煮30分钟，熄火后浸泡20分钟，捞出装盘。

③ 酱汤去杂质，急火将汁收浓，淋在猪肘上即可。

酱猪肘

腌酱肉

主料

猪腿肉	5000克

调料

甜面酱、盐、红糖、醪糟汁、姜末、白酒、五香粉、花椒面、火硝各适量

做法

① 猪腿肉去净残毛，切成相互连接的块。将火硝放入白酒中化开，加入盐，同肉块拌匀，码味3天，中途翻动一次，挂在通风干燥处，吹干水分待用。

② 将甜面酱、五香粉、姜末、红糖、花椒面、醪糟汁调匀，抹在肉块上，入盆中码味1天，再挂在通风干燥处晾半个月。食用时洗净，入笼蒸20分钟，切片装盘即可。

卤味猪腱

主料

猪腱子肉	200克
黄瓜	100克

调料

精卤水、大蒜、生抽、白糖、味精、醋、香油各适量

做法

① 猪腱子肉洗净，氽水，捞出沥净水。黄瓜洗净去皮，切小段，放入盘中垫底。

② 将大蒜捣成泥，加入生抽、白糖、味精、醋、香油，调匀成蒜泥。

③ 卤水烧开，放入猪腱子肉再煮开，转小火煮30分钟后熄火，使肉、浸泡至凉透。

④ 将猪腱子肉捞出，切成小块，摆盘上桌，蘸蒜泥食用。

卤水猪皮卷

制作时间
15 分钟

难易度
★★

主料

猪皮	350克

调料

潮州卤水、香油、葱、姜、八角、料酒各适量

做法

① 猪皮去掉油脂、细毛，氽水后洗净。

② 清水烧开，放入猪皮、葱、姜、八角、料酒，慢火煮 15 分钟，捞出稍凉，用纱布把猪皮卷紧。

③ 将猪皮卷放入煮沸的卤水锅内，烧开，熄火后再浸卤 20 分钟，捞出凉透，去掉纱布，将猪皮改刀成片，刷少许香油即可。

豌豆肉皮

主料

猪皮	200克
豌豆	30克
葱段、姜片、香菜叶 各适量	

调料

生抽、老抽、盐、白糖、料酒、大料、桂皮、花椒、香叶、小茴香各适量

制作时间 2小时　　难易度 ★★

做法

① 猪皮洗净，入沸水中氽烫3分钟，捞出，彻底刮净猪毛，切成丝。其他材料备齐。

② 将小茴香、桂皮、花椒、大料、香叶，与葱段、姜、豌豆、肉皮丝同下锅，大火煮4分钟，然后调入剩余调料，改小火，炖煮100分钟。

③ 将煮好的猪皮和汤入一个容器中，晾凉后，入冰箱冷藏2小时，取出后切块即可。

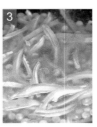

卤猪头脸

主料

去骨猪头脸	半边

调料

辣卤汁	3000毫升
料酒	4小匙
冰糖	2小匙
花椒油	1小匙
鸡精、盐	各半小匙

制作时间 2小时　　难易度 ★★

做法

① 将猪头脸的余毛用火枪喷烧掉，刮洗干净，备用。

② 将猪头脸放进沸水中，小火煮10分钟，撇去浮沫。捞出后，再用清水冲洗干净。

③ 将所有调料放入锅中，烧沸后，放入猪头脸，小火煮25分钟后熄火。

④ 浸其15分钟后，捞出，切片，即可食用。

红卤猪蹄

制作时间 2小时

难易度 ★★

主料

猪蹄	2个
葱段、姜片	各5克

调料

A：老抽400毫升，绍酒200毫升，盐适量，冰糖300克

B：大料、桂皮、陈皮各10克，花椒、丁香、草果、白芷各2克，豆蔻12克

做法

① 挑选新鲜的猪蹄，拔净猪毛，刮净油垢，用温水洗净，沥水，切块；将调料B装入布包，制成调料包。备好其他食材。

② 将猪蹄放入沸水锅中，用大火烧开，余烫5分钟，捞出，备用。

③ 另取净锅，加清水2000毫升，加入调料A、葱段、姜片、调料包，大火煮沸，转小火熬煮30分钟，至汤汁稠浓。

④ 将猪蹄下入锅中，大火烧开，转小火卤煮至熟烂，捞出，晾凉装盘即可。

白云猪蹄

制作时间 2 小时   难易度 ★★

主料

猪蹄	2个

调料

醋	150毫升
盐	2小匙
白糖	200克

做法

① 猪蹄放入清水中泡约90分钟，洗去血污，捞出，刮洗干净，剁成块。

② 将猪蹄块放入沸水中氽透，捞出。

③ 将猪蹄块放入沸水锅中煮至熟烂，捞出沥干。

④ 将白糖、醋、盐放入清水锅中煮沸，即成糖醋汁。

⑤ 将猪蹄块放入糖醋汁中浸泡5～6个小时，捞出装盘即可。

要点提示

· 如何处理猪蹄异味？将新鲜的猪蹄切块，放入沸水中氽烫，待血水出尽后，用温水（凉水冲洗，则猪蹄不易炖烂）洗净油污，在炖煮猪蹄时，可放一些除异味的材料，如花椒、姜、葱等。

制作时间
2小时

难易度
★★

香辣猪蹄

主料

猪蹄500克，香菜段15克，
花生米50克

调料

A：卤汁适量，味精1小匙，
　　冰糖25克，老抽1大匙，
　　香辣酱2大匙

B：干辣椒适量，大料15克，
　　小茴香10克，胡椒、桂
　　皮、甘草、山柰各5克

做法

① 将花生米洗净，沥干；将猪蹄去尽残毛及杂质，反复洗净，
沥水后砍成块；将调料B装入布包，制成调料包。备好其
他食材。

② 将猪蹄块放入沸水锅中，氽烫一下，捞起沥干。

③ 将花生米、香菜段、调料包、调料A一同入锅，开大火烧开，
继续炖煮至出香味。

④ 倒入猪蹄，大火煮沸，转小火将猪蹄卤煮至熟烂后，捞起
装盘即可。

要点提示

· 猪蹄不好斩块，但还是要尽量砍均匀，块头不要太
大，这样既能保证成品美观，又能使其均匀入味。

豉油卤排骨

制作时间
2 小时

难易度
★★

主料

肉排骨2000克，姜块15克，葱白20克

调料

卤汁3000毫升，火锅料50克，鸡精1小匙，十三香、料酒各2大匙，花椒2小匙，干辣椒15克，花椒油1大匙

做法

① 将肉排骨洗净，剁成段。备好其他食材。

② 将肉排骨段放入沸水锅中氽烫，撇去浮沫，捞出洗净，备用。

③ 净锅置于火上，倒入适量油，烧热后，加豆豉炒香，放入姜块、葱白、泡辣椒、白糖、盐，继续翻炒出香。

④ 倒入卤汁和其余调料煮沸，撇去浮沫，捞渣，再加入肉排骨，小火卤煮至熟，捞起晾凉，装盘即可。

要点提示

· 将肉排骨斩成段时，要长一些；炒料时不要炒煳，否则会使汤汁有苦味。卤制排骨之后的卤汁还可以保存，用来卤制其他食材哦！

香香排骨

制作时间 2 小时　　难易度 ★★

主料

猪肋排	500克
姜	30克
葱	45克

调料

卤汁	3000毫升
盐	100克
老抽、白糖	各50克
味精	1大匙
香油	1小匙
料酒	适量
调料包	1个

做法

① 姜洗净，拍碎；取 10 克葱切成葱花，余下的葱打结；猪排骨洗净，剁成 10 厘米长的段。备好其他食材。

② 将排骨段放入凉水锅中，烧沸后撇去浮沫，捞出，用温水冲洗干净。净锅置火上，放入白糖，炒成糖色，备用。

③ 另取净锅，放入姜、葱和除香油外的所有调料，大火烧开后放排骨，撇去浮沫。

④ 再转用小火慢慢煮至排骨肉骨分离，捞出，沥汁，装盘，淋香油即可。

秘制酱香排骨

制作时间 2.5 小时

难易度 ★★

主料

猪肋排	500克
葱段、姜片	各适量

调料

桂皮、大料、丁香、小茴香	各适量
红曲米粉、老抽	各1大匙
白糖、黄酒	各2大匙

做法

① 猪肋排切长段，洗净，擦干。备好其他食材。

② 油锅烧热，放入排骨段，炸至金黄，捞出控油。

③ 锅底留油，烧热，放入葱段、姜片煸香，烹入老抽、黄酒、热水。

④ 放入排骨段，大火煮沸，放剩余调料，小火煮2小时，大火收汁即可。

白切肚片

制作时间
60 分钟

难易度
★

主料

猪肚	500克
葱、姜	各10克
香菜	少许

调料

料酒	4小匙
老抽	5小匙
香油	1小匙

做法

① 猪肚搓洗干净；葱洗净，切段；姜洗净，切片；香菜洗净，切段。

② 将猪肚放入清水锅中，加葱段、姜片、料酒，煮至八成熟，捞起晾凉。

③ 将凉透的猪肚一剖为二，横切成条，装盘，放上香菜段，搭配小碟老抽、香油上桌。

酱汁猪肚

主料

猪肚	1个
葱、姜	各5克

调料

老抽、香油	各2小匙
白糖、味精	各半小匙
香醋	4小匙
盐	少许
红油	5小匙

做法

① 猪肚洗净，放入容器用盐搓去油脂；姜切成末；葱切成末。

② 将猪肚放入沸水中氽烫至熟。

③ 捞出，将其切丝装盘。

④ 将姜末、葱末、老抽、白糖、香醋、味精、盐、红油、香油，放入小碗中，拌匀调制成酱汁。最后将酱汁浇在猪肚丝上，即可食用。

卤猪心

制作时间
60 分钟

难易度
★

主料

猪心   250 克

调料

红油、葱、姜、八角、卤水
各适量

做法

① 猪心用清水洗净，取出心内的淤血后再冲洗干净，放入清
水锅内，加入姜、葱、八角，煮 20 分钟后捞出。

② 将煮好的猪心控净水分，放入卤水中卤 20 分钟。食用时将
猪心捞出切片，拌上葱花、红油即可。

要点提示

· 在卤水中浸泡猪心的时间要长一点，以充分入味。

五香猪心

制作时间
2 小时

难易度
★

主料

猪心	500克

调料

盐、料酒	各1大匙
鸡精	1小匙
调料包	1个

（茶叶15克，大料3粒，甘草3片，桂皮、花椒、胡椒各少许）

做法

① 将猪心去筋膜，洗净，放入凉水锅中加热氽烫透，捞出沥干。

② 锅中加水，放入调料包、盐、料酒、鸡精，煮沸后，制成卤汁，放入猪心煮 25 分钟后关火，再浸泡 1 小时。

③ 捞出猪心，晾凉后切成片，摆入盘中即可。

 要点提示

· 猪心一定要去掉筋膜，否则会有腥味，会影响这道菜的口感。另外食用这道菜时搭配腌姜，口味更佳哟。

糟门腔

主料

猪舌（门腔）	1条
葱、姜	各10克

调料

料酒	1大匙
糟卤	250毫升

制作时间 2小时　难易度 ★★

做法

① 将猪舌洗净，放入沸水中余烫1分钟左右取出，趁热刮去舌面白膜，洗净；葱洗净，切段；姜洗净，切片。

② 将猪舌再次放入加有葱段、姜片、料酒的清水中熬煮至熟，捞出猪舌用清水冲净。

③ 将煮熟的猪舌浸入糟卤中腌渍3小时。

④ 取出后切片装盘即可。

主料

猪舌（口条）　　　　　　　　　　1000克

调料

葱段、姜片、蒜蓉、香油、醋、红卤汤（由糖色、红曲、老抽加香辛料对成）各适量

做法

① 锅内加水烧沸，放入口条烫2~3分钟，捞出过凉，用刀刮净苔垢，切去根部，用清水洗净，待用。

② 锅内加水，加葱段、姜片，上火烧开，撇去浮沫，放入口条煮至七成熟时捞出。

③ 锅内放入适量红卤汤，上火烧开，放入口条，用慢火卤熟取出，趁热抹上香油，食用时切片装盘，蒜蓉、醋一同上桌，供蘸食。

川味卤水口条

主料

猪舌　　　　　　　　　　　　　350克

调料

卤水、香油　　　　　　　　　　各适量

做法

① 猪舌洗净，入开水锅中氽水，捞出后去除舌苔，洗净。

② 卤水烧开，入猪舌，大火煮开，改小火卤20分钟，熄火后浸20分钟，捞出凉透。

③ 食用时将猪舌切片装盘，淋香油、热卤水即可。

卤味猪舌

白切猪舌头

主料

猪舌头	1个
青笋片	100克
姜片	适量

调料

大料	2粒
沙姜汁	10毫升
白酒	适量

制作时间 60分钟　难易度 ★★

做法

① 将猪舌头清洗干净，放入沸水中汆烫后取出，刮掉白苔，用清水冲洗干净。备好其他食材。

② 锅内倒入适量水烧开，放入姜片、大料，煮出香味。

③ 将猪舌头放入锅内，用小火煮20分钟，倒入适量的白酒，再煮20分钟。

④ 将青笋片放入盘底，将猪舌头取出，切成片，放于青笋片上，淋上沙姜汁即可。

要点提示

· 刮白苔时，可以用勺子，要仔细刮干净，以保证其鲜美的口感。

卤汁猪舌

主料

猪舌	两条
葱段、姜片	各15克
香菜叶	少许

调料

老卤汁	1500毫升
香油	适量

制作时间
90分钟

难易度
★★

做法

① 将猪舌刮去舌垢，洗净。备好其他食材。

② 将猪舌放入沸水锅中汆烫3分钟，捞出，用刀刮净猪舌上的苔垢，再次用温水清洗，沥干水分。

③ 锅内倒入清水，将猪舌、葱段、姜片放入锅中，大火煮沸，撇去浮沫，转小火煮约30分钟，捞出，沥水。

④ 另取净锅，倒入老卤汁、葱段、姜片，大火煮沸，撇净浮沫，下入猪舌，大火烧开后，转小火卤煮至熟烂。

⑤ 将猪舌捞出，趁热刷上香油，晾凉后切片装盘，点缀上香菜叶即可。

红卤猪肝

主料

猪肝	750克
葱丝、姜片	各10克

调料

A：老抽300毫升，盐适量，
绍酒150毫升

B：大料8克，草果2个，丁
香5克，花椒20粒，陈皮
6克，小茴香3克

做法

① 将猪肝切大块，放入清水中
浸泡，洗净。备好其他食材。

② 将猪肝块放入锅中，加入葱
丝、姜片各5克，倒入清水
至没过猪肝块约3厘米处，
小火煮沸后，继续煮约7分
钟，捞出，洗净，备用。

③ 调料B装入布包，制成调料包。

④ 另取净锅，倒入清水，加调
料A和余下的葱丝和姜片，
大火烧开，转小火煮约30
分钟。

⑤ 将猪肝、调料包下入锅内，
大火烧开，转小火卤煮约20
分钟，至猪肝熟透，关火，
晾凉，切片装盘即可。

茶卤猪肝

主料

猪肝1500克，姜20克，香菜叶少许

调料

卤汁3000毫升，绿茶35克，料酒4小匙，鸡精半小匙，冰糖2小匙，盐1小匙，味精少许

做法

① 将猪肝洗净，去筋膜，沥干水分；姜洗净，切片。备好其他食材。

② 将猪肝切大块，在上面划几刀，放入沸水锅中氽烫一下，捞起沥干。

③ 将绿茶熬出茶色，将猪肝浸泡其中，待入味上色后，捞起，沥干水分。

④ 锅置火上，加入卤汁及其余调料煮沸，撇去浮沫，再放入猪肝小火慢卤至熟。

⑤ 食用时捞起沥干，冷却后切片入盘，点缀上香菜叶即可。

白卤猪大肠

制作时间
15分钟

难易度
★★

主料

猪大肠　　　　　　　1根
姜、蒜　　　　　　　各50克

调料

A：盐150克，味精50克，白
　　酒20毫升，料酒100毫
　　升，小苏打适量
B：大料5克，香叶、丁香各
　　2克，小茴香3克，白胡
　　椒15克，陈皮1小块
C：蒜蓉、新鲜沙姜剁蓉各
　　50克，生抽150毫升，老
　　抽、熟花生油各适量

做法

① 猪大肠用清水反复冲洗几
遍，再用适量的盐、小苏打、
白酒抓洗，静放20分钟后，
冲洗干净备用。

② 将清洗好的猪大肠放在沸水
中汆烫一下，捞出用凉水冲
洗干净。

③ 锅中加入适量清水和调料B，
大火烧沸然后转小火继续烧
30分钟，再加入调料A拌

匀即可。

④ 将猪大肠放入烧沸的卤水
中，小火煮40分钟即可。

⑤ 捞出晾凉后，切丝，用调料
C蘸食即可。

精卤猪大肠

主料

猪大肠　　　　　　　　适量

调料

A：精卤水适量

B：干辣椒适量，大料15克，
　　小茴香10克，胡椒、桂
　　皮、甘草、山奈各5克

C：小苏打、白酒、盐各适量

制作时间　难易度
2小时　　　★★

做法

① 把大肠翻洗，除去脏物，再用适量的盐、小苏打、白酒抓洗干净，放20分钟后彻底冲洗干净备用。

② 将清洗好的大肠放在沸水中，余烫一下，捞出后用凉水冲洗一下。

③ 将精卤水加入锅中，烧沸，加入调料B再次烧沸后加入猪大肠，小火烧40分钟，关火。

④ 捞出，晾凉后，切成圈即可。

酱卤花肠

主料

白煮猪花肠   300克

调料

干辣椒、甜面酱、蒜泥、精卤水   各适量

做法

① 猪花肠入沸水锅中余水，捞出冲洗干净，待用。

② 精卤水烧开，加入干辣椒、甜面酱煮15分钟，放入猪花肠煮开，改小火卤制15分钟入味。

③ 将卤好的猪花肠趁热取出，改刀成段，蘸蒜泥食用。

卤水大肠

主料

猪大肠   350克

调料

潮州卤水、香油、汾蹄汁、葱、姜、料酒、八角各适量

做法

① 大肠洗净，制成套肠，放入清水锅中，加葱、姜、料酒、八角，烧开后慢火煮30分钟，捞出。

② 卤水烧开，放入大肠，再烧开后关火，浸卤20分钟捞出，凉透，改刀装盘。

③ 卤水加少许香油烧开，反复淋热大肠，跟汾蹄汁上桌即可。

辣味猪尾

主料

猪尾巴   2根

调料

香辣卤水   适量

制作时间 60分钟   难易度 ★★

做法

① 将猪尾巴去毛，刮洗干净。

② 将猪尾巴放入沸水中，小火煮约20分钟，捞出过一下凉水备用。

③ 将香辣卤水烧开，放入猪尾巴，小火煮20分钟，捞出晾凉后切段即可。

Tips

香辣卤水的简易制作方法：将辣椒粉300克，花椒粉3小匙，香料包1个，花椒20粒，红曲、蚝油、盐、白糖、味精、姜片、白酒、蒜片各少许，骨头汤500毫升，全部放在锅中熬制1个小时左右即成香辣卤水。

白卤猪尾

制作时间 2 小时　　难易度 ★★

主料

猪尾　　　　　　　　2根

葱段、姜片、蒜片　各适量

调料

A：白卤水适量

B：香叶2克，大料5克，小
　　茴香3克，丁香4克，甘
　　草1小片

C：蒜蓉、新鲜沙姜剁蓉各
　　50克，生抽150毫升，老
　　抽适量

做法

① 把猪尾用火枪喷烧猪毛后，
　刮洗干净，放入沸水中，
　汆烫一下，捞出用凉水冲
　洗干净。备好其余食材。

② 锅中加入白卤水，大火烧
　沸后加入调料 B、葱段、
　姜片、蒜片，转小火继续
　烧 5 分钟，至香味出来，
　捞出葱段、姜片

③ 把猪尾巴放入烧沸的白卤
　水中，小火烧 40 分钟，取
　出晾凉后，切段，蘸着调
　料 C 食用即可。

Tips

家里如果没
有专业的去猪毛
工具，可以将猪尾
巴在沸水中汆烫
片刻后，用刀子
反复刮，也能很
好地去除猪毛。

主料

猪尾	300克

调料

葱白、红辣椒、精卤水	各适量

做法

① 猪尾巴去细毛，洗净，入沸水锅中氽水。葱白斜切成片，红辣椒洗净切丝。

② 卤水烧开后熄火，放入猪尾巴浸泡30分钟后用大火烧开，转小火卤35分钟，熄火，再浸泡20分钟入味，捞出晾至凉透。

③ 将猪尾切段装盘，淋上热卤水，摆上葱片、红辣椒丝即成。

卤水猪尾

主料

猪尾	300克
鲜板栗	100克

调料

豆浆、鱼泡椒、辣椒酱、老姜、大蒜、盐、味精、料酒、白糖、醋、卤水、油各适量	

做法

① 将鲜板栗去皮壳洗净，用豆浆浸泡半小时，入蒸柜蒸10分钟至熟，再入油中炸至金黄酥香，备用。

② 猪尾刮洗干净，卤至八成熟，捞出切段，再入六成热油中炸至表皮起皱，备用。

③ 锅内留底油，下入鱼泡椒、辣椒酱、老姜、大蒜片炒香，加盐、味精、料酒、白糖、醋调味，下入猪尾、板栗，待油汁发亮时出锅即可。

栗香猪尾

三杯猪尾

主料

猪尾	300克
青红椒	30克

调料

干葱、三杯汁（一杯油、一杯酱油、一杯酒）、大蒜、姜、酱卤汁、花生油各适量

做法

① 将猪尾用酱卤汁卤熟，捞出改成小段，加入三杯汁拌匀，腌制入味。

② 干葱切块，姜切片，大蒜拍碎，青红椒切条。

③ 锅中加油烧热，下入干葱、姜、蒜炒香，放入腌好的猪尾，放入青红椒条炒匀即可。

酱牛肉

主料

牛腱子肉	500克

调料

酱油、大葱、蒜、盐、味精、白糖、料酒、鲜姜、香油、花椒、八角、桂皮、丁香、陈皮、白芷、砂仁、豆蔻、茴香各适量

做法

① 牛肉切大块，用开水焯透捞出，用冷水冲一下。

② 将各种调料用纱布包起，成料包。

③ 牛肉块倒入锅中，加入酱油、味精、盐、白糖、料酒，放葱段、姜片、调料包，小火炖 1.5 ~ 2 小时。

④ 待用筷子可以扎透牛肉时捞出晾凉，切成薄片，即可装盘食用。

五香酱牛肉

主料

牛腿肉	500克
葱、姜	各20克

调料

A：茴香、桂皮各15克，料酒
2大匙，老抽100毫升，白
糖50克

B：味精1小匙，香油5小匙

制作时间 90分钟　难易度 ★★

做法

① 将牛腿肉反复冲洗干净。
备好其他食材。

② 将牛腿肉放入沸水中余烫，
捞出洗净，沥水。

③ 另取净锅，放入牛腿肉、
葱、姜和调料A，加清水，
水量以淹没牛腿肉为度，
大火烧开，撇去浮沫，改
用小火焖煮至肉酥烂，再
转用大火收汁，加味精、
香油调味。

④ 捞出牛肉，沥去汤汁，切片，
冷却后装盘即可。

豉油卤牛肉

制作时间 90分钟

难易度 ★★

主料

牛肉	1500克
香菜	10克

调料

豆豉50克，孜然粉2小匙，胡椒粉、白糖各1小匙，卤汁2500毫升，花椒10克，料酒2大匙，味精半小匙

做法

① 将牛肉洗净，沥水，切块；豆豉剁碎；香菜洗净，切末。备好其他食材。

② 将牛肉块放入沸水锅中氽烫，去血水，捞出，沥水。

③ 油锅烧至五成热时，加入豆豉炒香，倒入卤汁，加入孜然粉、胡椒粉、白糖、花椒、料酒、味精烧开，撇去浮沫。

④ 放入牛肉，大火烧开，转

小火卤煮至牛肉烂熟。捞起，晾凉入盘，点缀上香菜末，浇汁即可。

卤水牛展

主料

牛腱子肉	300克

调料

精卤水	各适量

做法

① 牛腱子肉洗净，入沸水锅中氽水，撇去浮沫后捞出。

② 精卤水烧开，熄火，放入牛腱子肉浸泡40分钟，再开大火煮沸，转小火卤40分钟，熄火，继续浸泡40分钟入味，捞出晾凉，待用。

③ 食用时将牛腱子肉切片，淋上少许卤水即可。

制作时间
90分钟

难易度
★★

卤炸牛肉

制作时间
90分钟

难易度
★★

主料

牛肉500克，蒜15克，姜片10克，葱段5克，香菜叶少许

调料

面粉100克，淀粉75克，陈皮15克，小茴香5克，草果1枚，老抽2小匙，醪糟2大匙，盐、白糖各1大匙

做法

① 挑选新鲜的牛肉，去筋膜。备好其他食材。

② 牛肉洗净切片，放入容器中，撒上适量面粉和淀粉拌匀备用。

③ 取净锅倒入油，烧热，将牛肉放入油锅中炸至定型，捞起沥油。

④ 将陈皮、小茴香、草果装入布包，制成调料包。

⑤ 另取净锅，倒入清水、老抽、醪糟、盐、白糖，放入调料包、葱段、姜片、蒜瓣，大火煮沸。放入炸好的牛肉，转小火卤至牛肉熟烂，晾凉后装盘，点缀上香菜叶即可。

酱香牛腱

制作时间
2.5 小时

难易度
★★

主料

牛腱子肉1000克，姜50克

调料

豆瓣酱125克，老抽300毫升，绍酒150毫升，香油2小匙，冰糖30克，干辣椒、盐、味精各适量，大料、桂皮各20克，草果3个，甘草15克

做法

① 挑选新鲜的牛腱子肉，洗净沥水，切长块；将姜洗净，拍碎末。

② 将大料、桂皮、草果、甘草装入布包，制成调料包。

③ 取净锅，倒入清水，下入肉块、调料包、姜、绍酒，大火煮沸，转小火炖煮2个小时，至熟透捞出，沥去汤汁。

④ 锅留煮牛肉的汤汁，倒入冰糖、豆瓣酱、老抽、干辣椒，加盐、味精、香油调味，大火煮沸。

⑤ 将牛腱肉块放入汤汁中浸卤，晾凉，放入冰箱内冷藏24个小时即可。

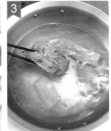

卤汁牛蹄筋

制作时间
2.5 小时

难易度
★★

主料

牛蹄筋	500克
葱段、姜片	各20克

调料

老卤汁	1000毫升
香油	1小匙
醋	适量

做法

 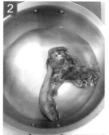
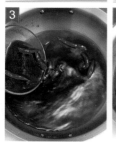 

① 将牛蹄筋洗净。其他食材备齐。

② 净锅加水煮沸，加醋，放入牛蹄筋，汆烫3分钟。

③ 另取净锅加清水，放入牛蹄筋，大火煮沸，转小火煮1个小时，捞出，沥水。净锅倒入老卤汁，大火煮沸，撇去浮沫。

④ 下入牛蹄筋、葱段、姜片煮沸，大火烧开，转小火卤煮2个小时，捞出，沥去汤汁，刷上香油即可。

Tips

　　如果牛蹄筋不是太粗，直接横切成段即可。在其略粗的部位需先用刀顺长划开，再进行横切。牛蹄筋比较有韧性，很难煮烂熟，所以卤煮时要小火慢卤，时间要尽量长一些。

主料

熟牛筋	300克

调料

精卤水	各适量

做法

① 熟牛筋汆烫一下后放入卤水中烧开，卤制 40 分钟。

② 将卤制好的牛筋取出晾至凉透，切片，淋香油及热卤水即可。

Tips 牛筋又叫牛蹄筋，口感软糯，质地犹如海参，向来是筵席上的佳肴。

卤水牛筋

主料

金钱肚	300克

调料

精卤水、葱、姜、料酒	各适量

做法

① 金钱肚洗净，入沸水锅中汆水，捞出控干水分。

② 将金钱肚放容器中，依次加入葱、姜、料酒和水，入蒸锅中隔水蒸熟，取出后沥干水分。

③ 精卤水烧开，放入蒸熟的金钱肚，浸泡 20 分钟入味，取出凉透，改刀装盘即可。

卤水金钱肚

简易卤牛肚

制作时间 4 小时 · 难易度 ★★

主料

牛肚500克，香菜段50克，姜片、蒜各25克

调料

A：绍酒100毫升，盐、味精各适量

B：大料、桂皮各5克，沙姜片3克，花椒、甘草、白胡椒、小茴香各1克

做法

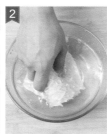

① 牛肚用小勺刮去油脂；将调料 B 放入布包制成调料包。备好其他食材。

② 将牛肚用盐充分揉搓，然后用凉水冲洗干净，备用。

③ 将牛肚放入沸水锅中汆烫 10 分钟左右，捞出，冲洗干净，备用。

④ 另取净锅，倒入清水，放入姜片、蒜、香菜段、调料包、调料 A，大火烧开，转小火熬煮 40 分钟，至汤汁味浓，加入牛肚转小火煮 3 个小时即可。

⑤ 捞出，晾凉，切丝装盘，即可食用。

卤水牛舌

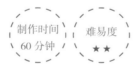

制作时间
60分钟

难易度
★★

主料

牛舌   350克

调料

潮州卤水、香油、汾蹄汁各
适量

做法

① 牛舌洗去血污后汆水，捞起，刮去舌苔，洗净备用。

② 将牛舌放入烧开的卤水锅中，慢火煮20分钟，关火后浸卤25分钟，捞出，凉透后切片，装盘。

③ 卤水加香油烧热，反复淋热牛舌片，跟汾蹄汁上桌即可。

麻辣牛舌

制作时间
90 分钟

难易度
★★

主料

牛舌1只，蒜末适量，葱、姜各1小段

调料

白糖4小匙，老抽、辣椒粉各2小匙，盐、味精、麻油各1小匙，茴香、桂皮、香叶各少许

做法

① 葱洗净切段；姜洗净切片；牛舌洗净，放入沸水锅氽烫至舌面起白膜时捞出，刮掉白膜后洗净。

② 锅中放清水，加葱段、姜片、香叶、茴香、桂皮、牛舌，大火煮沸后用小火烧1小时左右，捞出，放凉后切片。

③ 蒜末放入碗内，依次加入辣椒粉、老抽、麻油、盐、味精和白糖，搅匀调和成汁，淋在牛舌片上即可。

多香
卤羊肉

制作时间 60分钟　难易度 ★★

主料

羊肉	1500克
香菜	10克

调料

卤汁3000毫升，香辣酱50克，辣椒15克，料酒25毫升，十三香25克，五香料、鸡精各1小匙，花椒10克

做法

① 挑选新鲜的羊肉，洗净，去筋膜杂质，切块；香菜洗净，切段。

② 将羊肉块洗净沥水，放入沸水中汆烫一下，捞起备用。

③ 油锅置火上，烧热，将香辣酱炒香，放入其余调料，大火煮沸，撇去浮沫，捞渣，制成卤汁。

④ 将羊肉块放入卤汁锅中，用小火卤熟，捞起晾凉，装盘，浇汁，最后点缀上香菜段即可。

Tips

羊肉本身膻味就很重，所以在对羊肉进行处理时，一定要将筋膜杂质处理干净，否则膻味很难去除。另外，汆烫的时间不宜过长，不然会将羊肉本身的鲜味除掉。

茶卤羊排

主料

羊排1500克，姜片20克，香菜叶少许

调料

绿茶、老抽各1大匙，料酒4小匙，鸡精半小匙，冰糖2小匙，卤汁3500毫升，盐1小匙，味精少许

做法

① 将羊排洗净，去筋膜，顺肋缝辟成长条，剁段。其他食材备齐。

② 将羊排放入沸水锅中汆烫至断生。

③ 将茶叶熬煮出茶色，加入老抽搅拌均匀，放入羊排，入味上色。

④ 净锅置火上，倒入卤汁，煮沸，加入料酒、鸡精、冰糖、盐，煮沸，熬香，撇去浮沫。

⑤ 将羊排放入卤汁中，小火卤至入味，加味精调味，捞出装盘，点缀上香菜叶即可。

五香牛肉

制作时间
2小时

难易度
★★

主料

牛肉	2500克
姜片	30克
葱段	25克
香菜叶	少许

调料

料酒	100毫升
盐	3大匙
卤汁	适量

做法

① 牛肉洗净。其他食材备齐。

② 将牛肉切块，放入容器中，用料酒、姜、大葱、盐，腌渍
1个小时。

③ 取净锅，加入适量清水和盐，将牛肉块放入锅中，中火烧
沸，至牛肉断生，捞出，洗净沥干。

④ 另取净锅，倒入卤汁，放入牛肉块，烧开，撇去浮沫，小
火慢卤1个小时左右，捞出晾凉，切片装盘，点缀上香菜
叶即可。

麻香鸡

主料

土鸡　　　　　　　　　　　　　　1只

调料

花椒油、味精、花椒、盐、姜、京葱、干辣椒、葱、色拉油、芝麻各适量

做法

① 土鸡宰杀后治净,放入葱、姜、盐腌1小时,拣去葱、姜,用清水冲净表面盐分。

② 清水锅置火上,放入腌好的土鸡,大火烧开,改小火卤15分钟,捞出晾凉。鸡汤中加入花椒油、味精、盐调味,放入土鸡稍煮,捞出斩件,装盘。

③ 锅内加油烧热,放入京葱、干辣椒、花椒炸香,浇淋在鸡块上,撒上芝麻即可。

茶香鸡

主料

土公鸡　　　　　　　　　　　　　1只

调料

红茶卤水、盐鸡料、红茶粉、当归粉、盐各适量

做法

① 将盐鸡料、红茶粉、当归粉、盐调匀成腌料。

② 土公鸡宰杀后洗净,在表皮和内膛上抹匀腌料,腌制2小时。

③ 腌好的公鸡除净腌料,放入烧开的红茶卤水中,小火煮20分钟,离火后闷5分钟,取出切成大块,摆盘即可。

主料

鸡大腿   300克

调料

香油、卤水   各适量

做法

① 鸡腿洗净，入沸水锅中氽水，捞出过凉，待用。

② 卤水烧开，放入鸡腿煮开，转小火卤制15分钟，捞出沥净汤汁，刷上香油即可。

Tips 不要贪图快熟而将鸡腿斩成块，这样会造成美味鸡汁的流失，肉质也会变硬。卤制好后刷香油可防止鸡腿表皮干裂。

卤 鸡 腿

主料

鸡大腿   300克

调料

盐、花椒、五香粉、葱、姜、香醋、八角、卤水各适量

做法

① 鸡大腿放入清水中浸泡去血水，洗净后沥干水分，备用。

② 炒锅烧热，放入盐、花椒、五香粉炒热，趁热擦遍鸡腿，腌制2小时后去除腌料，放入卤水中浸卤6小时。

③ 锅内加清水，大火烧沸后放葱、姜、八角、香醋，将鸡腿放入，焖熟即可。

盐水黄鸡腿

飘香卤鸡

制作时间 60分钟　难易度 ★★

主料

净土鸡	1只
葱	1根
姜	1块
薄荷叶	少许

调料

鸡汤、花雕酒	各500毫升
盐	60克
味精	2小匙

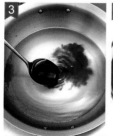

做法

① 备好所有食材。土鸡洗净，沥干水分；葱洗净打结；姜洗净，切小块。

② 锅中加入适量清水，加入葱结、姜块煮沸，再加入土鸡，大火煮沸，撇去浮沫，转小火焖煮至熟，关火冷却后将土鸡捞出。

③ 另取净锅，将鸡汤烧沸，放入盐、味精、花雕酒搅匀，制成醉卤。

④ 待醉卤凉透后，放入整鸡，浸卤12个小时左右，取出切块，装盘，用薄荷叶点缀即可。

酱香卤鸡

制作时间
60分钟

难易度
★★

主料

净仔鸡1只，姜片5克，葱段少许

调料

老抽35毫升，料酒4小匙，白糖1大匙，香油1小匙，桂皮5克，大料4克，干辣椒8个，草果2个，香叶少许

做法

① 将净仔鸡洗净，放入热水中烫一下，去掉毛污捞出，沥干水分，用老抽均匀地抹在仔鸡上。备好其他食材。

② 炒锅内加入适量油，放入葱段、姜片、大料、桂皮、干辣椒、草果、香叶炸出香味。

③ 再加料酒、老抽、白糖和清水烧沸，撇去浮沫制成卤汁。

④ 放入仔鸡，小火煮至九成熟，转旺火煮至熟透，加香油，待汤汁收浓，取出仔鸡，浇上卤汁即可。

要点提示

· 卤仔鸡时，开锅后要用小火焖煮，这样可以保证鸡肉形整、软嫩，而且能更入味。

白斩鸡

制作时间
60分钟

难易度
★★

主料

净土鸡	1只
葱	1根
姜	1块
香菜	少许

调料

黄卤汁	500毫升
料酒	4小匙
老抽	5小匙
香油	2小匙

做法

① 将土鸡洗净；葱洗净，打结；姜洗净，切片。备好其他食材。

② 将土鸡放入沸水锅中氽烫一下，捞出，冲洗干净，沥干水分备用。净锅置于火上，倒入黄卤汁，加入葱结、姜片、料酒，大火煮沸后。

③ 放入土鸡，再次煮沸后转小火焖煮约25分钟。

④ 将土鸡捞起，沥去汤汁，待其自然冷却后斩块装盘备用。

⑤ 将香菜洗净切段，放在鸡块上点缀，随老抽、香油上桌即可食用。

玫瑰手撕鸡

制作时间 60分钟　难易度 ★★

主料

仔鸡1只，苹果150克，葱段、姜片各15克

调料

玫瑰酒700毫升，料酒100毫升，冰糖100克，玫瑰糖50克，老抽2大匙，香料包1个

做法

① 将仔鸡洗净，放入沸水中汆烫去血水，捞出沥干水分；苹果去核洗净，切片。备好其他食材。

② 锅中放香料包、姜片、葱段、玫瑰酒、料酒、老抽、冰糖、玫瑰糖熬煮成玫瑰汁。

③ 将仔鸡和苹果片放入玫瑰汁中，大火将仔鸡煮熟，关火浸泡20分钟，捞出仔鸡，晾凉后撕成条，盛入盘内，淋上玫瑰汁即可。

五香鸡翅

制作时间
2 小时

难易度
★

主料

净鸡翅	750克

调料

A：大曲酒、白糖、鱼露、盐
各适量

B：桂皮、良姜、白芷各15克，
陈皮、草果各5克，豆蔻、
砂仁各3克，丁香、香叶各
0.5克

做法

① 鸡翅洗净，放入沸水锅中氽烫一下，捞出沥水，备用。备
好其他食材。

② 将调料 B 装入布包，制成调料包。

③ 锅内加清水，加入调料 A，下入调料包，大火煮 10 分钟，
转小火煮 20 分钟，至汤汁味浓。

④ 将鸡翅下入卤汁锅中，用大火烧开，盖上锅盖，改用小火
焖煮 20 分钟，关火，浸卤约 30 分钟，捞出，沥去汤汁，
晾凉装盘即可。

Tips　　做这道卤鸡翅时，选择鸡翅可以根据自
己的口味，鸡翅尖更筋道一些；鸡翅中经过
卤制，味道更浓香一些；至于鸡翅根卤制时
间要更长一些，否则很难入味。

酒醉凤翅

制作时间
60分钟

难易度
★★

主料

鸡翅	10只
葱、姜	各8克

调料

茴香、桂皮、花椒各2克，料酒、盐各2小匙，花雕酒400毫升，白糖半小匙，味精少许

做法

① 将鸡翅洗净；葱洗净，切段；姜切片。备好其他食材。

② 将鸡翅放入沸水中汆烫，捞起，洗净。

③ 在净锅中加入葱段、姜片、料酒、适量清水和鸡翅，大火烧沸，撇去浮沫，转小火烧至鸡翅八成熟时，捞出，洗净，晾凉备用。

④ 将茴香、桂皮、花椒放入原汤锅中，加盐、味精、白糖调味，大火煮10分钟左右，将汤倒入容器中。

⑤ 待汤汁晾凉后，倒入花雕酒、鸡翅，盖盖，放入冰箱浸卤10小时。

豉油卤鸡翅

主料

鸡翅	1500克
葱白	15克

调料

卤汁3000毫升，豆瓣酱2大匙，豆豉油50毫升，鸡精1小匙，冰糖2小匙，花椒2克，干辣椒15克

做法

① 挑选新鲜的鸡翅，除净残毛，放入沸水锅中汆烫一下，捞起，洗净沥干；葱白切片。其他食材备齐。

② 将干辣椒去蒂及种子，切小圈，豆瓣酱剁碎。

③ 取净锅倒入油，烧热，放入豆瓣酱、花椒、干辣椒炒香。

④ 加入卤汁、豆豉油、鸡精、冰糖，大火煮沸，撇去浮沫，滤去渣。

⑤ 放入鸡翅，小火卤熟，捞起装盘即可。

Tips

去除鸡翅上的残毛时，可以先用热水将鸡翅汆烫一下，这样去掉残毛就比较容易些。

主料

净鸡中翅   500克

调料

葱段、姜片、盐、酱油、白糖、料酒、油、香油、五香料包（含十三香及木香）

做法

① 鸡翅刮洗干净，焯水，捞出沥干，装盘，加酱油、料酒腌渍 20 分钟，取出。

② 锅入油烧热，入鸡翅炸至呈金黄色，倒出沥油。

③ 锅放底油烧热，放葱段、姜片炸香，添汤，加调料和香料包，烧开后煮 20 分钟，即成酱汤，酱汤中放入鸡翅，中火烧开，改慢火卤制成熟，取出刷香油即可。

广味香卤鸡中翅

主料

鸡翅   500克

调料

盐、鸡粉、白糖、料酒、上汤、花生油、葱、姜、酱油各适量

做法

① 鸡翅加酱油、料酒腌制入味。

② 用热油将鸡翅炸至金黄色，捞出待用。

③ 起油锅烧热，下葱、姜爆香，加鸡翅、上汤、盐、白糖、鸡粉、酱油烧开，改小火焖至熟透，关火，晾凉后浸渍 20 分钟，取出装盘即成。

贵妃鸡翅

酸辣凤爪

制作时间 30 分钟

难易度
★

主料

鸡爪	250克
生菜	50克
红辣椒	少许

调料

盐	少许
醋	1小匙
红油	2小匙

做法

① 将鸡爪洗净，剪去趾尖；生菜洗净取叶，铺在盘底；红辣椒洗净，切丝。

② 鸡爪入沸水中煮熟，捞出晾凉，放在铺有生菜叶的盘中。

③ 将盐、醋、红油倒入小碗中，调制成酱汁，浇在鸡爪上，撒上红辣椒丝即可食用。

茶卤鸡爪

制作时间 60分钟 | 难易度 ★★

主料

鸡爪1500克，姜片20克，香菜叶少许

调料

卤汁3000毫升，绿茶25克，料酒4小匙，鸡精半小匙，冰糖2小匙，盐1小匙，味精少许

做法

① 挑选新鲜的鸡爪，洗净，剪去趾尖，刮去粗皮。备好其他食材。

② 锅置火上，加入适量清水和绿茶，大火烧沸，煮至茶香四溢，放入鸡爪熬香煮熟。

③ 另取净锅，置于火上，倒入卤汁，煮沸，加入料酒、鸡精、冰糖、盐、味精，撇去浮沫，滤去渣。

④ 放入鸡爪，用小火卤至入味，捞起沥干，装盘用香菜叶点缀即可。

红卤鸡爪

制作时间
60 分钟

难易度
★★

主料

鸡爪350克，姜块10克，大葱15克

调料

料酒2大匙，老抽3大匙，白糖4大匙，大料6克，茴香、桂皮各2克

做法

① 将鸡爪洗净，沥水；姜洗净，切片；大葱切段。其他食材备齐。

② 将鸡爪刮去粗皮等污物，斩去爪尖，放入沸水中氽烫一下。

③ 将桂皮掰成小块，与大料、茴香一起装入布包，制成调料包。

④ 取净锅倒入清水，加入料酒、老抽、葱段、姜片、调料包、2大匙白糖，待水煮沸，放入鸡爪。

⑤ 将锅再次煮沸，转小火煮至鸡爪八成熟，加入剩余白糖，继续小火煮至鸡爪熟透，晾凉装盘即可。

虾酱卤凤爪

制作时间
60分钟

难易度
★★

主料

鸡爪500克，葱段、姜片各5克，香菜叶少许

调料

鸡汤300毫升，熟虾酱3大匙，虾油1大匙，料酒1小匙，老抽适量，白糖、香油、鸡精各少许

做法

① 将鸡汤倒入锅中，加葱段、姜片、虾油、料酒烧沸，倒入碗中，加入白糖、鸡精，晾凉。

② 鸡爪清理干净，去老皮和脚趾尖，放入沸水锅内煮至将熟，捞出沥干，加老抽拌匀腌渍，再用热水冲净。

③ 将鸡爪放入碗中，加入熟虾酱、鸡汤拌匀，浸泡30分钟，捞出后装盘，淋上香油和适量鲜汤，撒上香菜叶即可。

卤鸡肫

制作时间
60 分钟

难易度
★

主料

主料	
鸡肫	20个
葱段	10克
姜片	15克
香芹段	适量

调料

调料	
大料	2个
老抽、白糖	各2小匙
料酒	2大匙

做法

① 挑选新鲜的鸡肫，洗净沥水，去掉筋膜，切开，冲洗干净。备好其他食材。

② 净锅置于火上，加入净水煮沸，放入鸡肫余烫至变色，捞起，泡入凉水中。

③ 锅中加适量净水，放入葱段、姜片，加老抽、白糖、大料、料酒、香芹段、鸡肫，大火煮沸，撇去泡沫，转小火卤煮30分钟即可。

 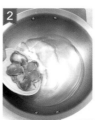 

盐水鸡肫

制作时间
60 分钟

难易度
★★

主料

鸡肫	150克
葱、姜	各5克

调料

茴香、桂皮、香叶	各2克
料酒	2小匙
盐	2大匙
味精	1小匙

做法

① 将鸡肫冲洗干净，去掉筋膜；葱洗净，切段；姜切片。备好其他食材。

② 将鸡肫放入沸水中氽烫，捞起后再次洗净，放入清水锅中煮熟，捞起备用。

③ 另取净锅，加适量清水，放入葱段、姜片、茴香、桂皮、香叶、料酒、盐、味精，煮沸后继续烧10分钟，关火。

④ 放入鸡肫，晾凉后密封，放入冰箱，浸泡6天左右，取出切片，装盘即可。

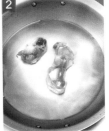
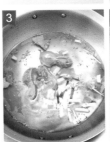

要点提示

· 鸡肫一定要处理干净，去掉筋膜，否则会影响口感。另外，小火卤制更容易入味。

红卤鸡杂

主料

鸡心、鸡肝、鸡胗、鸡肠共2000克，葱白25克

调料

卤汁3000毫升，火锅料35克，干辣椒节10克，调料包1个，鸡精1小匙，冰糖1大匙

制作时间 60分钟　难易度 ★★

做法

① 将所有鸡杂洗净，去筋膜及杂质；葱白切片。备好其他食材。

② 将鸡心、鸡肝、鸡胗切片；鸡肠切段，备用。

③ 油锅烧热，放入火锅料炒香，倒入卤汁煮沸，加入干辣椒节、调料包、鸡精、冰糖煮沸。

④ 放入切好的鸡杂，小火卤熟，捞出，沥去汤汁，冷却后装盘浇汁即可。

主料

肥鸭	1只

调料

盐、酱油、味精、白糖、料酒、桂皮、花椒、葱段、上汤各适量

做法

① 肥鸭汆水，洗净待用。

② 锅中注入上汤，加盐、酱油、白糖、味精、料酒、桂皮、花椒、葱段，放入鸭子，中火煮至鸭子熟透、汤汁浓稠红亮时捞出，斩成条，装盘，浇上原汁即可。

卤鸭

主料

鸭翅	400克

调料

葱花、精卤水	各适量

做法

① 鸭翅洗净，去除绒毛，备用。

② 精卤水烧开，熄火，放入鸭翅浸泡20分钟后大火煮开，转小火卤至熟透。

③ 食用时将鸭翅用刀略斩，淋上卤汁，撒葱花即可。

Tips

夏末秋初宜食鸭。一般的卤鸭肉比较肥腻，但是鸭翼富含胶质，筋道耐嚼，是下酒美食。

卤鸭翼

口味鸭

主料

鸭肉	450克
香菜叶	5克

调料

大料、豆蔻、陈皮、料酒、老抽、番茄酱	各2小匙
盐	半小匙

制作时间
2小时

难易度
★★

做法

① 将鸭肉洗净，切块，放入沸水中氽烫一下，捞出；香菜洗净，切段备用。

② 净锅倒入清水烧热，放入大料、豆蔻、陈皮、料酒、老抽、盐煮沸。将鸭肉块放入其中，大火煮沸后，小火卤1小时。

③ 关火浸泡30分钟后，装盘，淋上番茄酱，放上香菜叶即可。

主料

鸭脖子	400克

调料

红辣椒、川味卤水、色拉油	各适量

做法

① 鸭脖洗净，去皮、油，备用。红辣椒切丝，备用。

② 将鸭脖入沸水锅中汆水，捞出控干，放入卤水中卤制半小时，取出风干。

③ 将风干好的鸭脖剁成小段，装盘中，上面摆放红椒丝，浇热油。卤水装小碗内供蘸食。

风干鸭脖

主料

鸭脖	400克

调料

姜、葱、干辣椒、山柰、八角、花椒、草果、小茴香、糖色、胡椒粉、香叶、盐、料酒、香油、鲜汤各适量

做法

① 将葱、姜、干辣椒、花椒及各种香料用纱布包好成香料包，放入鲜汤中煮2小时，加入糖色、盐、料酒、胡椒粉调成卤水。

② 鸭脖洗净，加盐、姜、葱、料酒腌30分钟，入冷水锅中汆去血水，捞出，放入卤水锅中，小火煮40分钟即离火，闷30分钟后出锅，刷上香油即可。

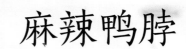

麻辣鸭脖

制作时间 60分钟　难易度 ★★

风味卤鸭脖

主料

鸭脖子10根，葱10克，蒜15克，姜2克

调料

A：鸡汤或猪骨汤2500毫升，干辣椒5克，盐2小匙，味精1小匙

B：大料5克，桂皮6克，白芷2克，豆蔻3克，草果2个，甘草3克，香叶2克

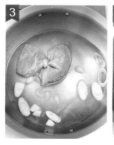

做法

① 将鸭脖子去皮，洗净；葱洗净，切小段；蒜去皮，切片；将调料 B 装入布包，制成调料包。备好其他食材。

② 将洗净的鸭脖子放入沸水锅中汆烫至八成熟，捞出。

③ 净锅置火上，倒入鸡汤或猪骨汤煮沸，放入葱段、蒜片、姜、调料包以及其他调料

④ 大火烧开，下入鸭脖子，小火焖煮20分钟，关火，晾凉。食用时，捞出装盘即可。

Tips　关火后先不要捞出鸭脖子，将其浸卤一下，待卤汁晾凉后再捞出食用，这样味道更浓。

卤鸭头

主料

冰冻鸭头   适量

调料

精卤水   适量

制作时间
60 分钟

难易度
★

做法

① 鸭头解冻后，用清水洗干净，沥干水，备用。

② 将鸭头放入沸水中，汆烫片刻，捞出，用凉水冲洗干净。

③ 把精卤水倒入锅中，大火烧沸。

④ 将鸭头放入精卤水中，大火烧沸，转小火烧 15 分钟后熄火，浸其 20 分钟，捞出，装盘即可。

白卤鸭掌

主料

鸭掌	1000克
香菜	少许

调料

白卤汁3000毫升，白酒50毫升，白糖、盐各1小匙，味精半小匙，调料包1个，白酱油少许

做法

① 将鸭掌去掉趾尖、粗皮，洗净沥水。备好其他食材。

② 将鸭掌放入沸水锅中氽烫一下，捞起沥水，在鸭掌上均匀地抹上白酱油，腌渍一下，备用。

③ 取净锅置于火上，倒入白卤汁、白酒、白糖、盐、味精、调料包，大火煮沸，撇去浮沫，放入鸭掌，转小火卤熟，捞起沥干，装盘，点缀上香菜即可。

制作时间 60分钟　难易度 ★★

辣卤鸭掌

主料

鸭掌   适量

调料

干辣椒段100克，花椒20克，盐100克，鸡精30克，味精、沙姜粉、冰糖各10克，鸡粉50克，胡椒粉5克，麦盐焗鸡香料60克

制作时间
90分钟

难易度
★★

做法

① 将鸭掌处理干净。备好其他食材。

② 把鸭掌放在沸水中，氽烫10分钟左右，捞出，用凉水冲洗干净。

③ 把所有调料放入锅中，加入适量清水，大火烧沸，转小火继续烧25分钟左右。

④ 然后把鸭掌放入烧开的浸料里面用小火煮2分钟后关火，开盖浸泡30分钟，期间将浮起来的鸭掌翻动一两遍。

川蜀鸭舌

主料

鸭舌   350克

调料

葱、姜、蒜、四川豆瓣酱、料酒、酱油、白糖、川椒、味精、色拉油、盐各适量

做法

① 鸭舌洗净，用开水氽一下去腥味。

② 锅内加油烧至七成热，下入姜、蒜、豆瓣酱爆香，放入鸭舌翻炒，加料酒、酱油、白糖、盐调味。

③ 将鸭舌翻炒3分钟左右后加水（使水量没过鸭舌）、川椒，盖锅盖，用中火焖煮10分钟左右，转大火烧开收汁，捞出晾凉，装盘即可。

卤水鸭舌

主料

鸭舌   350克

调料

卤水、香油、汾蹄汁、盐   各适量

做法

① 鸭舌去衣、黏液，用盐搓洗，用流水冲干净，氽水待用。

② 将鸭舌放入烧开的卤水锅中，煮沸，关火浸卤10分钟，捞出装盘，淋上卤汁和香油，跟汾蹄汁上桌即可。

Tips

将白醋、蒜蓉、红椒末、白糖调匀，即成汾蹄汁。蒜蓉须用刀剁成蓉，而不能用蒜白子砸。

主料

鸭肝	600克

调料

白酒、葱段、姜片、料酒、盐、味精各适量

做法

① 鸭肝治净，用清水洗净浸泡，汆煮至熟，撇尽血沫，捞出洗净。

② 锅内放水，加白酒、盐、味精、葱段、姜片，放入鸭肝大火烧开，撇去浮沫，改小火慢煮至熟。

③ 将鸭肝及汤汁一起倒入盆内，加上白酒浸泡约3小时，食用时将鸭肝切成薄片，装盘即可。

白酒醉鸭肝

主料

鸭胗	400克

调料

卤水	适量

做法

① 将鸭胗边角及油脂去除，放入沸水锅中略煮即捞出，沥水。

② 将卤水烧开，放入鸭胗大火加热，再烧开后熄火，浸泡20分钟，捞出晾至凉透。

③ 食用时将鸭胗横切成片，淋少许卤汁即可。

卤水鸭胗

麻辣鸭肠

主料

鸭肠   350克

调料

姜、葱、干辣椒、花椒、糖色、胡椒粉、盐、料酒、香油各适量

做法

① 将鸭肠用盐搓洗干净，切成段，加盐、葱、姜、料酒腌制30分钟。将葱、姜、干辣椒、花椒、盐、料酒、胡椒粉调匀，用纱布包好，放入锅中，加水、糖色，小火熬2小时成卤水。

② 腌好的鸭肠去掉葱、姜，入冷水锅中烧沸，氽去血水，放入卤水中小火煮40分钟，离火闷30分钟后捞出，刷香油即可。

川味鸭肠

主料

鸭肠   300克

调料

盐水、味精、川椒碎、花椒油、鸡精各适量

做法

① 将鸭肠洗净入锅内，加盐水煮熟，凉透切段，备用。

② 将鸭肠倒入盛器内，调入味精、川椒碎、花椒油、鸡精，拌匀即成。

Tips   清洗鸭肠一定要先翻洗内侧，这样才能清洗干净。煮鸭肠的时间不宜太长，断生即可，以免过老，影响口感。

萝卜干拌鸭肫

主料

鸭肫	200克
萝卜干	50克
熟芝麻、葱花	各少许

调料

盐	半小匙
辣椒酱	1小匙
红油	适量

做法

① 将鸭肫洗净，切片；萝卜干洗净。备好其他食材。

② 将鸭肫片放入沸水中煮熟，捞出装盘备用。

③ 在装有鸭肫的盘上放入萝卜干、盐、辣椒酱，拌匀，淋上红油，撒上葱花、熟芝麻即可食用。

玫瑰鸭肫

主料

鸭肫	500克
姜片	20克
葱段	15克
香菜叶	少许

调料

玫瑰露酒、盐	各1大匙
花椒	5粒
味精	少许

制作时间 2.5小时　难易度 ★★

做法

① 将鸭肫洗净，纵横方向切花刀，放入开水锅内略氽烫，再用清水洗净。备好其他食材。

② 将鸭肫放入锅内，加适量清水，下葱段、姜片、花椒、盐，大火烧沸，改用小火焖煮2小时左右，至鸭肫熟透，再加玫瑰露酒、味精，继续烧至入味后取出。

③ 待锅内卤汁冷却后，再将鸭肫浸入卤水中。食用时，将鸭肫捞出，切片装盘，用香菜叶点缀即可。

卤鸭肫

主料

净鸭肫	500克
葱段、姜片	各5克

调料

茴香、桂皮	各5克
清汤	500毫升
料酒、老抽	各4小匙
白糖	2小匙
味精	1小匙

做法

① 将鸭肫冲洗干净，放入沸水中氽烫，捞起，再次冲洗。备好其他食材。

② 净锅内放入清水，放入鸭肫、葱段、姜片、料酒、茴香、桂皮、老抽、白糖、味精，大火煮沸，转小火继续焖煮1小时，至鸭肫熟透，捞出，晾凉，切片，装盘即可。

卤鸭肠

主料

鸭肠适量，姜片、蒜各适量

调料

A：白卤水适量

B：蒜蓉、新鲜沙姜剁蓉各
　　50克，生抽150毫升，麻
　　油、姜蓉、葱花、老抽各
　　适量

C：小苏打、曲酒

制作时间
30分钟

难易度
★★

做法

① 鸭肠用适量盐、小苏打、
曲酒，抓洗片刻后再用清
水冲洗干净备用。其他食
材备齐。

② 把鸭肠放入沸水中氽烫片
刻，捞出备用。

③ 将姜片、蒜炸香后一起倒
在烧沸的白卤水中，然后
放入鸭肠，用长筷迅速搅
动，见其全部转色，马上
捞出，放入冰水里。

④ 摆盘时切成小段，加调料
B即可。

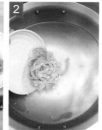

醉鸭心

主料

鸭心	500克
葱、姜	各5克

调料

清汤、花雕酒	各500毫升
味精	2小匙
盐	50克

制作时间
60分钟

难易度
★

做法

① 将鸭心洗净；姜洗净，切片；葱洗净，切段。

② 将鸭心去心管，放入沸水锅中，下葱段、姜片，盖上锅盖焖煮至熟，捞出，晾凉备用。

③ 将清汤煮沸，加盐、味精、花雕酒，再次煮沸，制成醉卤，关火凉透后，将鸭心浸入醉卤中，浸泡约6小时后取出装盘即可。

卤汁鸭肝

主料

鸭肝	500克
葱段、姜片	各25克

调料

老卤汁	1250毫升

制作时间
15分钟

难易度
★

做法

① 挑选新鲜的鸭肝，用凉水洗净，沥水，放入沸水锅中，大火烧开，撇去血沫，氽烫1分钟，捞出，用凉水冲洗干净，沥水。备好其他食材。

② 取净锅，倒入老卤汁，放入葱段、姜片，大火烧开后，下鸭肝，大火烧沸，转小火煮5分钟至鸭肝熟透，关火，晾凉。

③ 食用时，取出鸭肝，沥去汤汁，装盘即可。

白酒焖鸭肝

主料

鸭肝	550克
葱段和姜片	各少许

调料

盐、白酒、味精、料酒各适量

制作时间
30分钟

难易度
★

做法

① 将鸭肝洗净，放入沸水中汆烫至熟，撇去汤中的血沫，捞出，将鸭肝洗净。备好其他食材。

② 向锅内加入适量清水，将鸭肝放入锅中，加入葱段、姜片和所有调料。

③ 先用大火烧沸，再改小火慢慢煮至入味。

④ 将做法1中的汤汁和鸭肝一起倒入盆中，加白酒浸泡3小时后，将鸭肝切成薄片，装盘即可。

Tips

鸭肝性偏寒凉，归肝经，是补血佳品，具有补肝、明目和养血的显著功效。若要补血，与菠菜配伍效果会更佳。

卤水鹅头

主料

鹅头   2只

调料

精卤水   适量

做法

① 鹅头洗净，去除细毛，入沸水锅中汆水至熟。

② 精卤水烧开，放入鹅头卤 35 分钟，使其充分入味，捞出。

③ 将卤好的鹅头对切四半，装入盘中，浇少许热卤汁即可。

卤水鹅掌

主料

鹅掌   300克

调料

精卤水、香油   各适量

做法

① 将鹅掌洗净，用开水烫熟，取出，用流水冲洗 15 分钟，沥干水分。

② 精卤水烧开后熄火，放入鹅掌浸卤 30 分钟，待用。

③ 将卤好的鹅掌取出，淋少许香油和热卤水即可。

主料

鹅肝	500克
猪皮	1000克

调料

姜末、蒜泥、酱油、香油、淀粉、醋各适量

做法

① 将鹅肝制成蓉，调入淀粉搅匀，入屉蒸熟，备用。

② 将猪皮去油洗净，蒸成皮冻，过滤后浇在鹅肝上，冷却后切块装盘即可。上桌时跟用香油、酱油、醋、蒜泥、姜末配好的三合油蘸食即可。

水晶鹅肝

主料

鹅朥	400克

调料

潮州卤水、香油、汾蹄汁　　　　各适量

做法

① 鹅朥洗净，汆水备用。

② 将鹅朥放入烧开的卤水锅中，慢火煮20分钟，关火后浸卤25分钟，捞出，凉透后切片装盘。

③ 卤水加少许香油烧开，反复淋热鹅朥片，跟汾蹄汁上桌即可。

卤水鹅朥

香辣鹅肠

主料

鹅肠	150克
香菜	30克
葱	1小段
姜	1小块

调料

香辣酱	2大匙
老抽	2小匙
盐	1小匙

做法

① 葱洗净切段；姜洗净切片；香菜洗净切段；鹅肠加盐揉搓洗净。

② 鹅肠放入沸水中汆烫熟，捞出沥干。

③ 所有材料放入碗内，加盐、老抽和香辣酱，拌匀，腌渍半小时，待鹅肠入味后即可食用。

第四章

鲜香可口的水产

可以用作卤酱菜的水产品食材并不多,
制作相对来说也简单。
制作的成品可以作为正餐菜品食用,
也可以作为开胃菜。

南京熏鱼

制作时间
30分钟

难易度
★★

主料

草鱼   1条

调料

盐、酱油各15克，桂皮12克，茴香、黄酒各10克，白糖8克，香油、五香粉各少许，葱、姜、黄油各适量

做法

① 草鱼宰杀，去鳞、鳍、鳃及内脏，洗净。草鱼切成块，用葱、姜、黄酒、盐腌30分钟至入味。

② 锅中下油烧热，将鱼块下入锅中，炸至呈金黄色且外皮变得硬脆时捞出。

③ 原锅内留少许油，放葱、姜、黄油、桂皮、茴香、酱油、白糖及少量汤水，熬成稠厚有黏性的五香卤汁。

④ 淋香油，把鱼块浸卤汁中，撒五香粉，捞起装盘即可。

主料

鲅鱼   50克

调料

香油、胡椒粉、五香面、大茴香粉、姜汁、葱汁、盐、白糖各适量

做法

① 鲅鱼治净，斜切厚片。将盐、白糖、大茴香粉、五香面、香油、胡椒粉与姜汁、葱汁调匀，放入鱼片腌制 30 分钟。

② 锅入油烧热，放入鱼片炸熟，取出沥油。待油冷却后再次烧热，把鱼重入锅中复炸至呈赤红色，捞出沥油即可。

五香酱熏鱼

主料

带鱼   300克

调料

酱油、白糖、味精、花椒、八角、桂皮、香叶、葱段、姜片、白酒各适量

做法

① 用酱油、白糖、味精、花椒、葱、姜、八角、桂皮、香叶、白酒调成酱汤，盛容器备用。

② 将带鱼治净，切成段，放入酱汤内浸泡 1 天，取出晾干。

③ 带鱼入蒸箱内，撒葱段、姜片，淋白酒，蒸 30 分钟即可。

酱带鱼

糟卤带鱼

制作时间
30分钟

难易度
★★

主料

带鱼	1条
姜	15克

调料

花椒	5克
料酒	4小匙
淀粉	25克
糟卤	适量

做法

① 将带鱼处理干净，切段；姜切丝备用。备好其他食材。

② 将带鱼段放入盆中，加入花椒、姜丝、料酒腌渍1个小时，洗净，拭干水分。

③ 将带鱼段放入干净的容器中，撒上淀粉，上浆。

④ 油锅置于火上，烧热，放入带鱼段，煎炸至两面金黄，捞出，沥干油，备用。

⑤ 将带鱼段放入糟卤中浸卤2个小时，装盘即可。

Tips

糟卤本身有咸味，所以腌渍带鱼的时候不用放盐哦！另外，将带鱼块放入糟卤时，一定要等带鱼凉透才行，否则糟卤中的酒香会随热气挥发掉，卤制出来的带鱼味道就没那么香了。

五香带鱼

制作时间
40 分钟

难易度
★★

主料

带鱼	400克

调料

盐1小匙，香叶2片，八角2个，大蒜5瓣，大葱2段，生姜4片，老抽5克，花椒8个，生抽20克，料酒2大匙，色拉油适量，五香粉少量，冰糖、陈醋各20克

做法

① 将带鱼清理干净，切段，两面都刻上花刀，以便入味，然后两面抹匀盐，腌制10分钟。

② 炒锅烧热，加入油，放入香叶、八角、姜、蒜、花椒，小火炒出香味。

③ 放入带鱼段，用小火煎至表面呈金黄色，翻面再煎另一面，直至两面都呈金黄色。

④ 加入热开水，水量淹过鱼的1/2处，加入料酒、生抽、老抽、冰糖、陈醋。

⑤ 大火煮开后盖上锅盖，小火焖20分钟，每隔10分钟将鱼翻一次面。最后将香料拣出，大火煮至汤汁变稠，盛出，表面撒少量五香粉即可。

糟香带鱼

主料

带鱼 500克

调料

糟卤、植物油 适量

做法

① 将带鱼治净切段，入热油锅中炸至金黄色，捞出备用。

② 将炸好的带鱼放入糟卤汁中腌泡 4 ~ 6 小时，装盘即可。

要点提示

· 要掌握好炸制带鱼的火候，以炸至外干里嫩为宜。

糟香小黄花鱼

主料

小黄花鱼 1条

调料

糟卤 适量

做法

① 小黄花鱼剖肚，去内脏，洗净。

② 锅中加油烧至八成热，放入小黄花鱼，炸至呈金黄色时捞出。

③ 将炸好的小黄花鱼放入糟卤中，浸泡 2 ~ 4 小时后捞出，装盘即可。

要点提示

· 糟卤是用科学方法从陈年酒糟中提取香气浓郁的糟汁，再配入辛香调味汁精制而成的。

香糟黄鱼

制作时间 30 分钟

难易度 ★★

主料

黄鱼   1条

调料

香糟、葱、姜、黄酒、盐、味精

做法

① 黄鱼治净，一剖两半。把葱、姜、黄酒、盐、味精调匀，抹在黄鱼身上，腌制 2 天。

② 将香糟和黄酒拌匀，铺入陶钵中垫底，按一层黄鱼、一层酒糟的顺序铺入钵内，用保鲜膜覆盖鱼身，糟制 1 天后取出。

③ 将糟好的黄鱼挂在阴凉干燥通风处，风干 3 天即可。

红卤鱼头

主料

鲻鱼头	2500克
姜末	10克
香菜	少许

调料

醪糟汁50毫升，卤汁3000毫升，冰糖、鸡精、五香粉各2小匙，火锅料1大匙，盐1小匙

制作时间
30分钟

难易度
★★

做法

① 挑选新鲜的鱼头，去鳞、鳃等杂质，洗净，放入沸水锅中氽烫一下，捞起，从中间一分为二，但不要砍开。备好其他食材。

② 油锅置于火上，烧热，放入火锅料炒香，倒入卤汁、醪糟汁、冰糖、鸡精、五香粉、盐、姜末，煮沸，撇去浮沫，滤去渣，制成红卤汁。

③ 将鱼头放入卤汁锅中，小火卤熟，捞起，冷却，装盘浇汁，点缀上香菜即可。

酒香鲫鱼

主料

鲫鱼1条，姜片、葱段各20克，香菜10克

调料

卤汁1500毫升，白酒5大匙，豆瓣酱半大匙，盐1小匙，鸡精半小匙，干红辣椒6个

制作时间 30分钟　难易度 ★★

做法

① 鲫鱼处理干净，洗净沥干；豆瓣酱剁碎；干红辣椒去蒂，切段；香菜洗净，切段。备好其他食材。

② 油锅烧热，放入豆瓣酱、干红辣椒段炒香，倒入卤汁、白酒、盐、鸡精。

③ 大火煮沸，撇去浮沫，滤去渣，放入鲫鱼，小火慢卤至熟，捞起沥干，装盘浇汁，撒上香菜段即可。

制作时间
60分钟

难易度
★★

辣卤田螺

主料

田螺350克，姜片20克，葱结15克

调料

干辣椒7克，草果10克，香叶3克，桂皮10克，干姜8克，大料7克，花椒4克，豆瓣酱10克，麻辣鲜露1小匙，盐5小匙，生抽、味精各4小匙，老抽2小匙

做法

① 挑选新鲜的田螺，用清水泡几天，勤换水，最后用盐水浸泡，使其吐净泥沙，洗净备用。备好其他食材。

② 油锅烧热，倒入姜片、葱结，大火爆香。放入所有调料，炒匀，倒入清水，大火煮沸，转小火煮30分钟，制成辣卤汁，备用。

③ 另取净锅，倒入适量辣卤汁，大火煮沸，放入洗净的田螺，大火煮沸，转小火卤制约15分钟。

④ 捞出，沥干汤汁，装盘即可。

卤香田螺

制作时间
15分钟

难易度
★★

主料

田螺	800克
葱、姜	各20克

调料

A：老抽80毫升，黄酒25毫升，白糖20克，胡椒粉、茴香、桂皮各少许；

B：糟卤200毫升，味精少许

做法

① 田螺洗净，放入清水中静养2天；葱、姜分别洗净，切片。备好其他食材。

② 田螺剪去尾壳，漂净泥沙，再次洗净，捞起沥水。

③ 油锅烧热，下葱片、姜片煸香。

④ 加调料A和适量清水，再放入田螺。

⑤ 焖烧至田螺将熟，加味精，大火收汁，捞出，放凉。

⑥ 将冷却的田螺倒入糟卤中，浸渍入味后捞出，即可食用。

醉香螺

主料

活香螺   500克

调料

花雕酒、鲜味酱油、盐、白酒、姜片、葱根、花椒适量

做法

① 香螺放海水中静养，使其吐尽泥沙，入凉水锅中煮熟，去掉硬盖，放入容器内。

② 锅入适量清水，加姜片、葱段、花椒煮出香味，加入酱油、盐、花雕酒拌匀，凉透，与白酒一同倒入盛香螺的容器内，浸泡 24 小时即可。

酱香螺

主料

香螺   500克

调料

酱油、花雕酒、尖椒丝、香菜、洋葱丝各适量

做法

① 香螺放清水盆中，待其吐净泥沙后洗净，煮熟。

② 取干净容器，放入酱油、花雕酒、尖椒丝、香菜、洋葱丝调匀成酱汤。

③ 将煮好的香螺放入调好的酱汤中，腌 10 小时至入味即可。

风味泥鳅

制作时间
30分钟

难易度
★★

主料

泥鳅	150克
葱、姜	各5克

调料

辣椒酱	50克
白糖	1小匙
醋	半小匙
味精、盐、花椒粉	各少许

做法

① 泥鳅洗净，裹一层淀粉；辣椒酱装碗；葱切段；姜切片，备用。

② 将泥鳅放入七成热的油锅中炸黄、炸透，倒入漏勺中沥去油，备用。

③ 锅留底油，烧热，下葱段、姜片煸香。

④ 倒入辣椒酱，炒出香味。

⑤ 烹入剩余调料，加适量清水烧开，制成卤汁。

⑥ 放入泥鳅浸卤 1 个小时左右，捞起装盘。

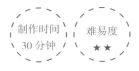

酒香醉蟹

主料

鲜河蟹	1只
葱、姜	各适量

调料

生抽	50毫升
白酒	20毫升
冰糖	5克
花椒、盐	各少许

制作时间 15分钟　难易度 ★★

做法

① 河蟹洗净，沥干水分；葱切段；姜切片。

② 将河蟹拆下前腿，放在器皿中，撒盐腌渍一下。

③ 锅内放入适量清水，加入葱段、姜片煮香。

④ 加生抽、冰糖、花椒，烧沸后离火冷却，汁水留用。

⑤ 将汁水浇在河蟹上，再倒入白酒，以淹没蟹身为度。

⑥ 用保鲜膜密封，浸泡4天左右即可。

话梅香蟹

主料

鲜蟹　1只

生姜、蒜各少许，话梅　适量

调料

白糖、白酒	各半小匙
干辣椒段	适量
生抽、醋	各1小匙

制作时间
60分钟

难易度
★★

做法

① 将蟹去鳃，洗净，切块，加盐腌渍1小时；生姜洗净，切片；蒜去皮，切末。备好其他食材。

② 将干辣椒段、话梅、姜片、蒜末放入碗中，加白酒、生抽、白糖、醋，调成卤汁。

③ 将蟹块放入卤汁中拌匀，浸渍20分钟，捞出装碗即可。

酒醉河蟹

主料

活雌河蟹   1000克

调料

曲酒、料酒、盐、冰糖、姜片、葱段、花椒、陈皮、茴香、干辣椒各适量

制作时间 60分钟 难易度 ★★★

做法

① 干辣椒切段。锅中加500克清水，放入盐、葱段、姜片、茴香、陈皮和干辣椒段烧开，熬出香味，捞出葱段，加入花椒、冰糖略烧，倒入盆中，静置3小时左右，冷却后加入料酒，调成醉卤汁。

② 河蟹洗净，装入竹篓内压紧，使其不能动弹，在清水中放半天，使蟹吐尽腹中泥沙，再洗刷干净。

③ 取出小瓷坛，洗净抹干，装入活蟹，用竹箅子压住，使其不能动弹，注入晾凉的醉卤汁，使蟹全部淹没在卤汁里，3小时后淋入曲酒，盖上盖子，将瓶口密封，放在阴凉处，7天后即可取出食用。

奇卤大虾

主料

鲜大虾	10只
姜片	25克
葱段	20克
蒜瓣	30克

调料

料酒	50毫升
盐	5克
香糟汁	1500毫升

制作时间
30分钟

难易度
★★

做法

① 准备好所需食材。

② 将大虾去头、沙线等杂质，洗净沥水。

③ 净锅加水，下入所有材料和盐、料酒，大火煮沸，待大虾煮熟后，捞出晾凉。

④ 将大虾放入香糟汁中，浸卤2个小时，捞出装盘，浇入少许原汁即可。

卤水青虾

主料

青虾   400克

调料

葱段、姜片、盐、味精、料酒、香料包（内装小茴香、花椒、八角、桂皮各少许）

做法

① 将青虾挑去沙线，剪去须爪；葱、姜切成丝。

② 锅内放入1000克清水，加入自制香料包、葱段、姜片、料酒，烧开后撇净浮沫，煮20分钟，再放入青虾卤熟。

③ 将虾捞出沥干，装盘，撒上葱姜丝，浇上少许卤汁即可。

卤水鱿鱼

主料

鱿鱼   350克

调料

香菜、红椒、精卤水   各适量

做法

① 香菜取梗，洗净切段。红椒切丝。鱿鱼洗净后汆水，控干备用。

② 卤水烧开，放入鱿鱼，煮开后转小火卤20分钟，捞出。

③ 食用时将鱿鱼切成条，浇热卤水，摆上香菜、红椒丝即可。

日式卤墨鱼

制作时间
60 分钟

难易度
★★

主料

墨鱼　　　　　　　　　1条

调料

葱段、姜片、柠檬、日式玄
米茶包、木鱼素、日本清
酒、味琳、刺身酱油、芥末
各适量

做法

① 墨鱼洗净后余水，用冷水冲凉备用。锅上火，加入葱段、姜片、柠檬、玄米茶包、木鱼素、日本清酒、味琳、清水，用中火烧 20 分钟成墨鱼卤汁。

② 将墨鱼放入调好的墨鱼卤汁中，用小火浸卤 15 分钟后捞出，用冰水镇凉。卤汁放入冰柜中冰镇。

③ 冰镇墨鱼改刀成片，摆在盘中，淋上冰镇卤汁，跟芥末、酱油混合成的调料一起上桌即可。

卤水墨鱼

主料

鲜墨鱼板	350克

调料

海鲜卤水、香油、青辣汁（鲜杭椒汁、美极鲜酱油、香油调制而成）

做法

① 墨鱼去表皮，洗净余水。

② 将墨鱼放入煮沸的卤水锅中，慢火煮10分钟，关火后浸卤25分钟，捞出凉透，改刀成片，跟青辣汁上桌即可。

酱汁墨鱼嘴

主料

鲜墨鱼嘴	250克
姜末	20克

调料

海鲜酱、柱侯酱、老抽、生抽、白砂糖、绍酒、胡椒粉、姜汁酒

做法

① 将墨鱼嘴用清水洗净，余水，放入姜汁酒，待用。

② 将各种调料放入锅中，加适量清水，再放入姜末、墨鱼嘴，用慢火焖至墨鱼嘴入味、酱汁收干水分，取出晾凉，装入盘中即成。

酱八带

制作时间 20分钟　难易度 ★★

主料

八带	400克

调料

酱汤（主要含水、盐、味精、酱油、老抽、八角、桂皮、高度白酒）各适量

做法

① 八带去内脏、牙齿，用清水搓洗干净。

② 将八带入沸水锅中余水至熟透。

③ 酱汤烧开，倒入盛八带的器皿中，凉透，再放入冷藏室冷藏2小时，取出，改刀装盘即可。

糟香八带

主料

八带　　　　　　　　3只

调料

糟卤（做法见本书第8页）适量

制作时间
20分钟

难易度
★★

做法

① 八带去内脏、牙齿，用清水洗净。

② 处理好的八带入沸水锅中氽熟，捞出控水备用。

③ 将八带装入容器中，倒入糟卤后密封，腌制入味即可。

Tips　　八带氽水要适度，过火则肉质发硬。氽水后要马上用清水浸泡，这样做出的成品才爽嫩筋道。